JOHN HARTLEY

THE USES OF DIGITAL LITERACY

启真馆 出品

数字时代的文化

THE USES OF DIGITAL LITERACY

[澳]约翰·哈特利 著
李士林 黄晓波 译

ZHEJIANG UNIVERSITY PRESS
浙江大学出版社

图书在版编目（CIP）数据

数字时代的文化 /（澳）哈特利著；李士林，黄晓波译．— 杭州：浙江大学出版社，2014.5
书名原文：The uses of digital literacy
ISBN 978-7-308-13009-7

Ⅰ．①数… Ⅱ．①哈… ②李… ③黄… Ⅲ．①计算机网络－文化研究 Ⅳ．① TP393-05

中国版本图书馆 CIP 数据核字 (2014) 第 053029 号

数字时代的文化
[澳] 约翰·哈特利 著　李士林　黄晓波 译

责任编辑　王志毅
文字编辑　王　雪
营销编辑　李嘉慧
装帧设计　蔡立国
出版发行　浙江大学出版社
（杭州天目山路 148 号　邮政编码 310007）
（网址：http:// www.zjupress.com）
制　　作　北京百川东汇文化传播有限公司
印　　刷　北京天宇万达印刷有限公司
开　　本　635mm × 965mm　1/16
印　　张　15
字　　数　188千
版 印 次　2014年5月第1版　2014年5月第1次印刷
书　　号　ISBN 978-7-308-13009-7
定　　价　43.00元

经他本人善意的许可，献给理查德·霍加特

——“文化研究领域举止温和的超人克拉克·肯特”（Hartley，2003：25）

目 录

第一章

读写能力新探

“真理有其他的实现形式”

> “为文明联邦效力的时候到了。”
>
> ——Giovanni Arrighi, Iftikhar Ahmad & Min-wen Shih(1996)

神秘博士？

1

英国—澳大利亚传统的文化和媒介研究奠基于半个多世纪前。其创始人理查德·霍加特在《读写能力的用途》(*Richard Hoggart, The Uses of Literacy*，1957) 中制定了中小学和大学推行教育和学科改革的议程，他对尤其是娱乐媒介“滥用”读写能力的行为 (Owen，2005) 提出了犀利的批评，赢得了广泛的公众支持。霍加特把焦点放在印刷媒介上，包括报纸、杂志、广告和低俗小说。自那以后，广播电视出现了。而今，尽管其尚未消亡，但已经开始丢盔弃甲，让位于网络和移动服务等继任媒介。重新审视识字能力的时候到了：在多媒体时代，“读写能力的用途”是什么？

霍加特的重要性不在于他所选择的范例，显然也不在于其对个别事物的判断，而在于他努力将个人想象的内在生活（the inner life of the individual imagination）与民主化社会及商业社会中媒介化意义的增长联系起来。他感兴趣的是，普通人如何将识字能力应用于日常生活，而不是当作商业的、公民的或者宗教的工具性技能。他将工人阶级社群的自下而上的“体面”的价值观看得比商业娱乐世界“棉花糖”式的华而不实更为重要。但最终他认识到，问题不会因为他厚此薄彼而得到解决。在其漫长的学术生涯中，他力主将“批判性”读写能力（critical literacy）作为大众参与大众媒体的一种形式。然而，他并不认为知识分子的品味适合于每个人。正如他所言：“真理有其他的实现途径。”（Hoggart，1957：261）

霍加特本人最著名的一次对大众“读写能力用途”的公共干预，是为一家商业出版社所面临的淫秽指控作辩护。他以文学批评家的身份被邀请作为“专家证人”。他认为，D.H. 劳伦斯的小说不仅谈不上猥琐，恰恰相反，事实上该小说是“清教徒式的”，因为小说中的人物真真切切地在追求自己实现真理的方式。他的证言帮助出版社赢了官司（Paul Hoggart，2006）。自然而然地，这次辩护为《查泰莱夫人的情人》和《读写能力的用途》两本书赢得了更多的读者，也为两本书的出版商企鹅图书带来了额外的收入。这次辩护还间接催生了伯明翰当代文化研究中心（Centre for Contemporary Cultural Studies）。企鹅图书的老板，艾伦·雷恩爵士（Sir Allen Lane），送给霍加特一张支票，使他得以成立该研究中心（Hartley，2003：20–7）。这次审判后来被拍成电视剧《查泰莱事件》（BBC［威尔士］2006年制作）。以饰演《神秘博士》的第十任博士而著名的大卫·田纳特（David Tennant）出演了理查德·霍加特这一角色。

《查泰莱事件》中出演专家证人理查德·霍加特的大卫·田纳特

BBC 2006：<www.bbc.co.uk/bbcfour/cinema/features/chatterley-davies.shtml>.

据《卫报》的政治专栏作家、霍加特的大儿子西蒙称，田纳特的演绎还算出色，只是有一个明显失误：

> 父亲的扮演者大卫·田纳特（主演过《布莱克浦》［*Blackpool*］和《卡萨诺瓦》［*Casanova*］）是非常棒的演员。为了演好自己的角色，他做了非常细致的准备，观看过去的访谈，甚至研读当时报纸上的图片，把父亲的照片放在自己的手机里。他的表演非常传神：从西装、发型到约克郡的口音，甚至说话的节奏，都惟妙惟肖。唯一不像的是鬓角。为了出演父亲这个角色，田纳特不得不从《神秘博士》在威尔士的拍摄地请假24小时。正如田纳特解释说，鬓角没法在一天长回来。
>
> 我想，这也算是扬名了吧——研究者和服装师们细细琢磨你外表的每一个细节，而你出现在证人席上，以《神秘博士》的脸示人。（Simon Hoggart，2006）

4 霍加特的小儿子、《泰晤士报》的电视评论人保罗在评论该剧时也持同样观点：

> “还行吧？”在演完父亲在法庭上的角色后，大卫·田纳特略带紧张地问道。我说：“棒极了，你演得非常好。”我的确是那样认为的——大卫和父亲都非常出色。（Paul Hoggart，2006）

保罗·霍加特评论说：“安德鲁·戴维斯的这一历史再现的最奇怪的效果在于，[提醒我们]审判中提出的很多问题，至今仍未得到解决。”本书力图探讨并由此生发开去的就是[保罗所提及的]部分悬而未决的问题。

明察秋毫

理查德·霍加特知道，在商业民主社会里，人们可以自由选择自己钟爱的媒介娱乐形式。因此，为了推广“批判性”读写能力，实现所有人的知识解放（intellectual emancipation），必须接受人们不同的喜好，认真对待人们自我表达的不同方式，以及他们所喜爱和信任的提供信息的媒介，不管这媒介是赏心悦目的娱乐还是令人难堪的逆耳之言。这种洞见与正统的知识权威大逆其道。从约翰·罗斯金（John Ruskin），沃尔特·佩特（Walter Pater）和奥斯卡·王尔德（Oscar Wilde），到布拉德雷（A. C. Bradley）、理查兹（I. A. Richards）和李维斯（F.R. Leavis），霍加特之前的批评家们滑稽地认为，如同工业界和科学界人士各有专长一样，批评家理所当然地应该在判断、评价和品位形成等问题上有独一无二的专长。这种观点拒绝承认普通民众，尤其是“下层”社会（Carey 1992）有同样的能力。批评家们此举旨在区别“阳春白雪”（艺术）与“下里巴人”

（大众感受），在“鉴赏力”问题上手把手地教导无知百姓。他们认为，人文领域的“鉴赏力”等同于科学领域的专门方法。 5

经由李维斯夫妇（F. R. Leavis，Q. D. Leavis）及其杂志《细究》（*Scrutiny*）在知识阶层中宣传普及，这种态度成为一种常识性的政策背景，至少持续到撒切尔主义出现。英国的文学批评家最后一次受到他人重视而非孤芳自赏是在名为《广播的未来》（*Future of Broadcasting*，1977）的安南报告里。正是这个报告最终使得英国第四频道于1982年成立。安南报告将文学批评家看作批评性公民的代表，尤其是在涉及性话题的电视节目里，需要他们矫正医学专家和社会调查者们的曲妄之词。

> 他们的观点需要经诸如文学批评家或者世间敏锐之男女细细审视；这些人习惯于在价值、是非等问题上明察秋毫，不为专家所吓倒，他们有足够的技巧把专家们置于令人尴尬不安的被盘问的境地，并且能迅速戳穿把伪科学当作铁证的装腔作势。

霍加特本人正是这里所想象的那种批评性公民。相对专家和党同伐异者，他一直更喜欢“勤劳、内心公正的有悟性的平头百姓”（Hoggart，1997：289）。然而，问题在于文学批评家事实上并非“平头百姓”，而是在各自狭窄的专业领域里可以“明察秋毫”的专家。认为当关涉“性行为”的问题出现在公众讨论中时这些人可以为普通大众代言的观点，即便在当时，也是显得荒唐可笑的（我本人就是讽刺挖苦者之一：参见 Goulden & Hartley，1982）。不仅可笑，从反面看，这甚至可以被视为是“歧视性的”（discriminatory），因为这种观点仿佛将批评家与正统的价值取向以及源于差异评判的各种歧视归为一类。这里的差异不仅仅存在于文本间，也存在于人与人之间，例如在性别、种族和阶级上的。 6

霍加特在此前20多年就认识到，为百姓代言的时代已经一去不复返了。大众的品位已经无法再被生拉硬拽，不加辨别地认同所谓的、自我标榜的知识分子的所有主张。显然，他们的判断囿于自身家庭、年龄、阶层、性别、种族、民族以及殖民状况等因素。价值观——文化的，以及政治和道德的——是日益差异化的人群在各自不同的文化特质的语境中形成的。霍加特知道那些由“他者”（other）经验所形成的价值观——真理的其他方式——并不是反智的，只是经由其他方式，达成智慧罢了。因此，探究非知识分子公民在追求真理的道路上面临的机遇与诱惑就变得十分重要了。这就是研究流行文化中媒介化娱乐的直接起因。简而言之，这也是《读写能力的用途》一书的成因。

尽管对供大众消费的娱乐吹毛求疵（《读写能力的用途》后半部分），霍加特极力主张流行文化给价值观和判断力带来了正面影响（《读写能力的用途》后半部分）。但即使在左派中，这种观点也一直是少数派的。左派继续奉行现代主义或者马克思主义观点，抑或二者兼而有之，将流行文化置于知识分子文化的对立面，认为流行文化容易受从商业到法西斯主义的种种力量操控，因而是不可信任的。奇怪的是，极少有文艺知识分子担心流行文化受共产主义的操控。安东尼·伯吉斯（Anthony Burgess）是个例外。在他1962年出版的小说《发条橙》（*A Clockwork Orange*）中，有一个年轻恶棍的黑话（称为Nadsat语）[1]，是俄语渗透的结果（Nadsat是俄语的后缀，相当于英语的-teen）。

直至今日，对流行文化的怀疑仍然是知识分子中的一种重要思潮。例如，文艺理论家约翰·弗洛在《文化研究与文化价值》（John Frow，*Cultural Studies and Cultural Value*）一书中写道：

知识分子在多大程度上能将自己与反智主义联系起来，有

> 一个清楚的限度；知识分子在多大程度上能够或应该停止对种族主义、性别主义和军国主义的批评，也有一个限度。（1995：158）

在评述这一段话时，评论家阿伦·辛菲尔德认为（Alan Sinfield），弗洛此话目的在于：

> 也许带些感伤地重新评价中产阶级知识分子参与流行文化的愿望：事实上，他们在流行文化中会碰到让人难以接受的种种态度。当然，不应该形成这样一种思维，即，流行文化是法西斯主义的，而高雅文化是进步的。（1997：xxv）

在辛菲尔德看来，顾名思义，知识分子属于中产阶级。同样，流行文化则被认定是非中产阶级的，流行文化中的“流行”意味着民众（demotic）（卑下）而非民主（广博），仿佛知识分子是局外人，因而可以超然事外。为了在知识分子文化和流行文化之间制造对立，这是必然的一步。这样，就可以将后者建构（cast）成“角力场”（site of struggle），进步力量可以在此间与“大众”（masses）中显而易见的法西斯主义倾向一决高下。

8

这的确是霍加特的继任者斯图尔特·霍尔（Stuart Hall）所着力描述的阿尔都塞式（Althusserian）的文化研究纲领（1981：239）。尽管霍加特奉行左派进步主义（leftist progressivism），但这并非他的文化研究纲领，因为他并不认为，何为进步或者何为法西斯主义，应该由涉身局外的批评家来作判断。相反，他认为这种判断，可能属于那些“真理的其他途径”。换言之，霍加特的文化研究构想的本质在于，认为无论涉及品位形成、政治进步主义抑或是想象力的解放，流行文化都能够自我纠错（self-correcting）。而霍尔、辛菲尔德、弗洛以及其他人所信奉的观点，其本质在于主张流行文化只能从外部由知识分子来修正。这与霍加特的实践（他不寻求某种理论）是相悖的。这种实践试图通过正式或非正式的、批判性的和教育性的参与，使得流行文化通过在实践中试错成为一个能够自我纠错的系统。

批评性的、进步主义—悲观主义的知识分子能够想象的是，缺少他们的权威，唯一的结果就是灾难：例如，陷入对“民粹主义”的毫无节制的颂扬声中。他们认为自己的批判专长和权威是抵御法西斯主义的屏障，而法西斯主义是与民粹主义紧密相连的。这种观点由麦克盖根（McGuigan，1992）满怀热情地重新拾起，推而广之。因此，辛菲尔德认为，与这种“权威与共识的崩解”联系在一起的行为是：

> 咱们后现代理论所常想象的文化机会的平等获得和公平竞争观念，仿佛在互联网上漫游，坐在宜家买的蒲团上足不出户购物，就构成了我们可能希望拥有的全部的自由。（Sinfield，1997：xxvii）

9

不幸的是，这种腔调看上去不像讽刺式的怀疑主义，而像批判性的自我厌恶，将对消费主义的（原因不详的、仿佛不言自明的）憎恶引向知识分子自身，将平等主义（egalitarianism）视为自我放纵（self-indulgence）。在其对商业民主社会中数字素养（digital literacy）的悲观论调中，将数字素养的用途简而化之为互联网购物，从而将注意力从“文化机会”可能蕴含的意义中引开，更别提什么自由了。这种论调倾向于更加简单的选择：仅仅因为在品位上蔑视便宜的自助式家具（DIY furniture）就“批判性”地拒绝参与（engage）。这种重弹“多即是糟”的老调行为，是现代每一次教育、就业和消费选择的扩展所面临的，更不用说公民权的扩大了。（Carey，1992；

Hartley 2003)

在辛菲尔德看来，秉承马克思主义文化唯物论的标准路线，走出僵局——一方面丧失“权威”，另一方面“购物”横行——的唯一出路在于“斗争”或者社会主义鼓噪 (socialist agitation)。因此，“斗争”被当作“民粹主义”的声望崇高的对立一极。在这种语境下，辛菲尔德就战后英国左派的行动主义的目的提出了一个中肯的问题：

> 我们当初真正的目的是什么？比如说，1968 年我们在格罗夫纳广场 (Grosvenor Square) 高呼“美国佬滚出去”的时候，我们想要什么？我们使劲推开警察组成的人墙，毫无疑问是要冲出人墙，到美国大使馆去。到了那儿呢，我们打算怎么办？ (Sinfield，1997：xxxii)

10

这是一个好问题，对于今天的街头示威仍然适用，比如说反全球化和气候变化的示威。辛菲尔德不会接受的是，有可能游行 (demonstrations) 的“目的”不在于实现某个立竿见影的工具性的目标，而是成为集体性的戏剧式的仪式 (drama ritual) 的一部分，通过戏剧性地参与实时的社会网络达到自我实现。这正是我在 1968 年的伦敦经历激进的愉悦感的写照。我不知道辛菲尔德在格罗夫纳广场人群中的另一边。但我确实认识他。他在此几年前曾经是皇家胡佛汉普顿孤儿院的男生代表，而我做过他的“跟班” (fag) (Hartley，1999：200–3)。[2] 毫无疑问，我和他在那一天的体验，更不用说在那所学校的体验，是完全不同的。但我可以回答他所提出的关于格罗夫纳广场的提问，因为我也在现场。只是我身处四万名“四处转悠”的乌合之众之中，而不是那两三百名“冲进使馆去”的人群之中。(Halloran et al.，1970：217–18) 虽然说那次游行旨在反对英国参与越南战争，但游行不仅仅与美国有关。那天被逮捕的人中，有一个人说道："我以为会有点乐子……我对什么政治啊越南啊什么的一窍不通，但我讨厌条子。"另一人说："我认为我们应该多一些自由，少一些控制。警察嘛，得可劲地骂。"（引自 Halloran et al.，1970：79–80）根据《新社会》的调查，那天在场的人有三分之二声称他们抗议的是"整个资本主义"或者"英国社会的整体结构"；甚至有支持"威尔士地方自治"的。（Halloran et al.,1970：67；225）换言之，这次示威关乎千差万别的"我们"群体的同胞情谊，反对的是"他们"的制度。在对"现状"和"当权者"的反对中，示威者集体声援变革——几乎是任何的变革。

11 这次示威显示的是，如果与选择得到重视的那些人聚拢起来，那么个人就可能陷入一种自己的选择由他人的选择所决定的处境。在和警察推搡的时候可能不会有这样的感觉，但这种表述"意图"的奇怪方式，这种自我实现取决于他人的奇怪现象，这种严肃活动语境下的快乐集会，正是"社会网络市场"的基础（Potts et al.，2008），这一点将在本书第二章详细论述。这要说的是，在商业民主社会内部，在权威与购物之间，无论过去还是现在都存在"第三条道路"。20 世纪 60 年代的那些抗议歌曲证明，自我实现和知识分子批评绝不是与流行文化势同水火的。那个年代新的社会运动的增多完全被"市场化"了，其表现形式不仅限于流行音乐、反主流文化出版以及其他的创业形式。简而言之，一以贯之，"斗争"的在场（警察人墙）并不意味着市场的缺席；而商业化的娱乐也并不意味着"斗争"遁形——尤其是为了心智的自由解放以及与志同道合者建立联系而进行的斗争。

数字读写能力有何用途？

如保罗·霍加特所说，在当代的全球语境内，这些问题仍然十分重要，亟待解决。然而，由于20世纪60年代以来技术“能供性”和经济增长的加速发展，无论对于专业人士还是普通大众，多媒体的用途正在不断呈现新的可能性，不管是用于市场的或非市场的行动主义，还是用于构建社会网络。这些商业化的“数字素养的用途”是证明自我导向的大众能动性（popular agency）的进步性潜力（progressive potential）呢，还是证明操控性的企业民粹主义（corporate populism）的成功呢？

12

毫无疑问，这两种可能性同时存在，然而那种认为知识分子可以在数字文化的生产中袖手旁观的观点已经站不住脚了。以旁观者的身份对流行文化进行批评如果曾经是一种选择的话，那么现在已经不可能了；因为流行文化领域与正式的、批判的、理性的（intellectual）、科学的、新闻的以及想象的（imaginative）知识领域的界限正在消融。你可以在网络环境中航行，选择社会网络或者娱乐而不是科学或者古登堡计划（Project Gutenberg），但这些选择不是由系统设定的。这使得普通人在越来越有机会参与大众娱乐的同时，有目的地参与知识增长。

因此，挑战不在于如何反对打着某种规范性的理智主义幌子的民粹主义。这种理智主义认为自己明白什么对人们有益。挑战在于发掘“消费者生产力”本身的能量，在一个以市场为基础的自我实现的复杂系统中推动“消费者创业精神”的发展。普通人应该学会什么才能达到一定水平的数字读写能力，能消费而且生产数字内容，从而参与媒介化的公共域，追求自己私下的“想象欲望”（imaginative desire），促进知识增长；或者去创办企业，在商业和社群环境下创造（文化的或经济的）价值，特别是通过提高消费者—

用户的创造力实现这一目标，比如通过将学习服务机构、本土内容和全国性的创新体系联系起来。对于这一问题，我们所倾注的“批 13 判性”注意力是远远不够的。本书内容涉及的，就是如何着手化解这些挑战。

本书的着眼点在于重新评估人文学科的研究，以及这些研究对于理解消费者引领的社会的种种状况有何作用。这是一项开放式的、探究式的、批判性的科学任务（见第八章），同时也是参与创意事业和文化的机会。时至今日，人文学科一直为一种支配性的知识分子政治所主导，厚“文化”、艺术而薄“大众”媒介形式，厚“批评”而轻“生产力”。“媒介效果”模式将受众当作企业动因的行为效应（Gauntlett，1998；2005），认为观众行为与媒介传播存在直接的因果关系。这种模式的影响至今仍缠绵不绝。受此影响，如今支配性的文人政治对普通观众的生产性、进步性能力充其量持怀疑态度。同样的，商业领域的创造力也受到质疑，在商业环境中实现智力或者政治自由的可能性所遭受的态度近乎蔑视。这两种“批判”将创造力和生产力限制在艺术和知识分子两个不同的领域。这种方法需要检讨，因为在当前的文化环境下，创新同时来自公共活动和私人活动（Rifkin，2000：24–9，82–95），来自共创内容（co-created content）或者用户主导的创新，而不仅仅来自企业实验室。消费者正在影响和瓦解先前的媒介生产和分配模式，并且如今“消费者可以通过主张新的经济和法律关系而获得权力，而不是仅仅依靠意义构建”（Jenkins，2004：36）。既然人人都是出版商，消费就应该被重新定义为行动（action）而非行为（behaviour）。媒介消费（media consumption）则应该视为一种素养：一种自治的传播方式。在这种 14 方式中，“写作”和“阅读”一样普遍。在广播的、一对多的、被动接受的“大众”传播的时代中，这是绝无可能的。这些变化的意义非常深远，涉及对新技术的影响力，创新的源泉、类别和结果，消费者或者用户主导的创新的作用等问题的争论，并为知识经济中服务业的政策制定和行业发展提供参考。

在这样一个富于争议的领域，需要懂得对立观点之间——比如在创造力问题上存在的企业和社群的观点——可以建立什么样的联系，并将权力批判与推动参与结合起来，亦即将“创意产业”与“文化反堵”结合起来。（Lovink，2003：204–16）工业时代的权力集中是基于对资本、工厂和物质资源的所有权和控制基础之上的。在创意产业中，权力的集中在于控制信息的获取和分配，从而产生了新的争论议题：知识产权和版权法、网络民主、开源运动以及消费者权利。随着当代文化从广播和娱乐的工业化（大众）时代转向消费者引导的互动性和个性化时代，有必要厘清，哪些领域中国家或者国际机构的规制或者干预是应当的，而在哪些地方有可能扩大传播和创业的社会基础，或者新技术带来的符号系统能力的进步在哪些方面能鼓励多媒体传播中大众读写能力的新形式。（Jenkins，2003；2006）

这种努力必须同时尝试理解知识演变的长期趋势。（Lee，2003）知识、文化、传播和消费是进化适应的动态领域，涉及人类关系、价值观、身份与欲望的发展，而这种发展是与政治权力、经济的和制度的组织、市场协调和技术发明等力量进行复杂的互动。诸如意义和金钱之间、经济价值与文化价值之间以及政治和个人之间都存在互动。在庸常体验的“微观”层面，“我们”同时感受和构成着这些力量、互动和变化，它们是日常生活的诸多不可预见的即时体验的一部分。这恰恰是发展的生成性“优势”，但这种优势在当下很少作为某种大的模式为人所体验。

15

然而，在系统和网络的“宏观”层面，确实能看到大的模式。这些模式之间相互联系并随着时间的变迁发生变化。在这个“宏观的”层面上，可以非常明显地看到，知识、文化、传播和身份的各个不同方面有很多共同的重要特征。这些特征的总和构成了一种“范式”——这种范式是符号学意义上的，而不是库恩式的——为特定的某些时代定下基调。当下的时代看上去的确是一个快速变革的时代。虽然不乏争议，但这种变革可以理解为从“现代”范式向“全球”范式的转变（见下表）。理查德·霍加特坚定地遵循着“现代”范式（第二栏），但他试图分析的很多发展都是新近涌现的“全球”时代（第三栏）的各个方面。因此，如同绝大多数现代主义批评家一样，他精于使用当时支配性的价值观来评判新近涌现的范式。毫不奇怪，这种“视差”给分析者带来不适，而在分析结果中导致偏见。可以说，本书所呼吁的重估试图从“内部”探究这种“全球”范式。

16 **意义的价值链：西方世界现代化进程的不同时代中意义的来源**

时　代	1 前现代	2 现代	3 全球
价值论…			
…商品的	创始 / 生产	商品 / 配送	消费 / 使用
…意义的	作者 / 制作者	文本 / 表演	读者 / 观众
何时、何地、什么人（时间、地点、人群）			
何时	中世纪	现代	全球
何地	教堂	公共域	私生活
什么人（人群）	信徒	公众	DIY 公民
什么人（中介）	教士	出版商	营销
方式（机制）			
理论家	圣经	马克思	福柯
主体性	灵魂	个人（主义）	体验
权力基础	死亡的痛苦 / 地狱	战争	生命的管理
主权	君主 / 教会	民族国家	自我
持械者	骑士 / 讨伐者	义务兵 / 志愿者	恐怖主义分子
敌人	同伴 / 异教徒	国家	平民
国家	“霍布斯式的”	“马基雅维利式的”	“康德式的”

续 表

时 代	1 前现代	2 现代	3 全球
原因（知识）			
哲学	天启	稀缺	丰裕
认识论	神学	实证主义	全民投票
教育普及程度	精英	大众	普世
什么（形式）			
诠释形式	圣经释义(“Q”)*[3]	批评（和李维斯 / 霍加特）	编撰
创意形式	仪式	现实主义（科学 / 新闻 / 小说）	现实（电视）
目的（传播的政治）			
读写能力的模式	只能听	只能读	读 / 写
说话模式	改变信仰	说服（运动）	谈话
说话人（选择控制）			
控制源	“他”—教会控制	“他们”—专家控制	“我”— 自我控制
选择源	没有选择	出版商 / 提供商	导航者 / 集成者
知识代理人	神职人员	阅读大众 / 媒介观众	“消费者—创业家”
	=原教旨主义	=现在主义	=全球化

引自John Hartley（2008a）, *Television Truths: Forms of Knowledge in Popular Culture*, Oxford：Blackwell, p. 28；and see John Hartley（2004）, ‘The “value chain of meaning” and the new economy’, *International Journal of Cultural Studies*, 7（1）, pp. 129–41。

多媒体读写能力——印刷的，媒介的，批判的，数字的

半个世纪后，读写能力已经从“只读”的时代转变到“读写”兼备的多媒体使用的时代，理查德 · 霍加特的《读写能力的用途》对教育改革的意义何在？我认为，通过消费者创造的数字内容来扩展大众读写能力，不仅具有解放论的潜力——这种潜力是与霍加特的批判性公民（critcal citizenship）形成的设想相一致的，而且可以通

过创造性革新获得经济上的好处。

多媒体“大众娱乐”给正规教育带来挑战，但这种挑战不是 18 以霍加特所担忧的方式出现的。商业文化没有产生“驯服的奴隶”（Hoggart，1957：205），通过具有开创精神的分布式的学习，它在推动创造性数字读写能力上可能比正规教育的步子迈得更快。可能真正需要创造力回炉的不是十几岁的青少年而是教师。如果同霍加特所热切希望的一样，我们确实生活在一个商业的而又有人情味的民主社会里，那么大众媒介就是社群的人情与民主两个侧面相互联系的主要方式。大众媒介还将政府、企业已经给各个行业中的专家与“普罗大众”中的普通人群联系起来。众所周知，霍加特认为，“商业的”一面已经比“人情味的”一面先行一步，更不要说“民主的”那一面了。迎合商业的娱乐似乎在推行一种新的读写能力。这种读写能力漫无目的，消费至上，而且自私自利，无论与正规教育的目的还是工业化的劳动人口的家庭和阶级文化的目标都格格不入。商业化娱乐如何与正规的读写能力相互联系并拓展这些能力，这种交互和拓展又如何影响文化和公民权？霍加特是最早思考这些问题的人之一。在《读写能力的用途》一书中，他涉及最多的是大众的印刷媒介，对收音机广播和电影完全未加考虑。直到 1960 年，他才 19 开始讨论“电视的用途”。当时他以此为标题在《接触》（*Encounter*）杂志上发表了一篇文章（Hoggart，1960；参见 Hartley，1999）。从那以后，可以说大众媒介经历了两次而不是一次演变：首先通过电视（20 世纪 50—70 年代），而后通过交互媒介和网络媒介（自克林顿政府后）。后者同时处在信息技术、消费主义和全球化加速发展的最前沿。因此，《读写能力的用途》出版半个世纪后，比照普通人群和专家精英对各自“媒介读写能力”的使用，试图重新理解这些力量，就显得正合时宜了。

从霍加特的时代到今天，一个重要的变化在于媒介读写能力本身在多大程度上发生了变化：从“只读”（广播的、一对多的）到“读写”（交互的、端对端的）。早期的媒介理论家将广播比作讲坛或者临时演讲台，单一的信息借此高喊，从某些制度性的既得利益的角度加以传播。大众的角色就是被动地站在周围，照单全收。然而，在过去的几年里，非专业人士正越来越快速地将这些媒介作为自己自主的传播方式。“写作”正在加紧步伐赶上“阅读”。在这一点上，媒介读写能力只是遵循文字读写能力所设定的历史模式。在现代早期，阅读能力的使用远远比写作普及。即使人们可以写作，在日常交往和商业活动中这种能力的使用也非常有限。只有当相当一部分人开始同时阅读和写作时（大概三分之二的成年人），西方社会才出现了报刊、启蒙运动、工业革命、小说以及民主。正是在那个当口，社会活动家和解放论者意识到了读写能力是他们的盟友，并开始长期倾注精力于其间，通过公共教育和私人宣传，使得每个人都成为参与者，使这项技能用到好处。自此，对任何一个希望参与现代世界竞争的国家而言，“普及的”印刷读写能力（print literacy）成为衡量其先进地位的标准。

与此相反，当20世纪上半叶电子（广播）媒介开始起步的时候，知识分子在文化层面受到极端现代主义（high modernism）的影响，而在政治层面则笼罩在煽风点火的极权主义幽灵之下。在这种大气候下，很少会有政策活跃分子会想到一种新的“读写能力”近在眼前，更不要说这种能力需要传授了。相反，如阿多诺一样，他们认为普通民众需要提防这种媒介的影响，因为它对文字读写能力构成威胁，因而也威胁到借文字读写能力而发展的理性和想象力。人们不需要特殊训练来欣赏舞台表演或者倾听布道，天生的好奇心和怀疑态度就足够了。同样，在娱乐和劝导（遑论政治还是商业）的新世界里，似乎也不需要特殊的技能。如果有，则一定是一种“批判性”能力。这种能力专注于反制而不是扩展被认为作用于人们身上

20

的强大的肆无忌惮的各种力量。学校教育所教授的，不是如何最大限度地使用电子媒介，而是如果尽可能地对此充耳不闻。很多评论员没有意识到，很多普通人可能会使用这些新媒介来表达自己的身份、关系和思想，正如他们使用铅笔或者自己的声音来实现同样的目的。而那些意识到收音机广播和电影院具有解放论潜力的人，如贝托尔特·布莱希特（Berthold Brecht，1979/80）、汉弗莱·詹宁斯（Humphrey Jennings，1985）、汉斯·马格努斯·恩岑斯贝格尔（Hans Magnus Enzensberger，1997）等，倾向于从阶级的角度而不是个人的角度来考量媒介读写能力："大众"可以通过新媒体来展现自我，但主要是作为大众而非个人。

随着线上媒介在富裕经济体的普及，我们需要将"媒介读写能力"这一概念拓展，超越学校讲授的"批判性阅读"和"媒介读写能力"那一套防御性观念，走向"数字读写能力"（digital literacy）—— 一种亲身实践的生产性表达形式。这种能力来自应用的环境，通过使用多平台的设备来"阅读"和"创作"数字媒体习得。当全社会具备文字读写能力的成年人比例达到三分之二时，其文化和政治效应将达到顶峰。现在，数字读写能力正在趋近这一比例水平，却极少有人呼吁投入与当时文字读写能力同等的精力普及这一能力，更不用说普及其运用。数字读写能力主要以端对端的、非正式的方式传授。投资几乎全部来自私人，而这些投资试图发展的不是公民而是市场。这种普及读写能力的模式是"需求端的"而不是"供应端的"。正因如此，来自教育和文化思想家的关注远远不够，因为他们倾向于聚集在出版商 / 供应者模式周围，而不了解数字读写能力如何在非正式的环境中习得（通过动手），也不了解其如何在为没受过辅导的人群所使用。

21

理查德·霍加特认为，大众使用文字读写能力大多是漫无目的的，甚至是浪费的——几乎到了"滥用"的地步，他对他所遭遇的自学成才的“媒介读写能力”持更加否定的态度。例如他对（美国）流行音乐中青年人的品位非常怀疑，且不看好。现在，数字读写能力正在商业环境中飞速发展，其用途大多是非工具性的，如自我表达、关系维护、沟通乃至娱乐。是不是应该在正规的公共教育中更加系统性地加以采用呢？这对形成一种既有人情味的又有商业性的民主有何作用？抑或是我们应该对整个事情采取怀疑的态度？

文字读写能力的发明以及其技术在整个欧洲和世界的普及，跨越15世纪50年代到16世纪50年代，其过程不过一个世纪，而且是在只有简易道理的情况下实现的。在此之后，文字读写能力在一段时间内主要拘泥于工具性的目的：宗教（意识形态）、商业以及政府（控制）。精英和普通人之间鸿沟的标识在于有些人能够而且确实为包括个人表达在内的各种目的进行阅读和写作，而更多人被传授的则是“只读”版本的文字读写能力。他们能够阅读，但不会写作，尤其不会为了出版而写作。在社会的层面，文字读写能力则是为了满足封闭的专家系统的需要：教会的、科学的、政府的乃至商业的，而极少由“普通”人用于休闲消费（更不用说生产）、个人表达、兴趣共同体的维护，或者用于想象的生活（“文学”）。工具性的文字读写能力的一个目的是现代化本身，以至于有影响力的评论家们将政治民主看作读写能力的“后果”。（Goody & Watt，1963）

22

然而，与此同时，正是流行媒介，而不是正规教育，开始用非工具性的只读的读写能力弥合精英与普通大众读者之间的鸿沟。普通人在科学与说教之余还得到耸人听闻的故事。换句更准确地话说，在读写能力的供求关系中，在现存的供应端供应之外，一种需求导向的（demand-led）因素得以建立起来。霍加特第一个注意到，这些需求引导的读写能力的用途与专家的或者工具性的用途迥异，而且值得进行严肃的研究。霍加特对从大众读者观点出发的大众娱乐感兴趣。众所周知地，他发现这种大众娱乐贫乏，与自我创造的工人阶级文化相左。这就是为什么他的工作与“批判性读写能力”的使用联系在一起。这种能力与机敏的读者群是相一致的。批判性读写能力被认为是具有解放性潜力的，包容独立思想和积极参与：“批判性的”读者可能成为活动家而不是小说家。

23

霍加特的时代是一个单向的、广播传播和供应端提供者的时代。在这样的时代里，大众普及出版的空间极为有限。广播媒介完全未能在新近获得的大众读者中推广以出版为目的的写作。因而阅读和写作之间的差距依然存在。人们乐于听别人的故事，而不愿讲述自己的版本。然而，大众的自我出版在今天变得并非不可想象了，因为大众的、广播的、单向的、“只读的”传播媒介已经转变成为交互时代的“读写”多媒体。从文字到广播到多媒体的变化提出了互联网时代的“霍加特之问”：多媒体读写能力文化的、非工具性的用途何在？

为创新重塑教育

在现今的商业、经济和政策话语中，创新，尤其是创造性的创新，是先进国家和企业维持国际竞争力的总纲领或实现过程，同时加快推进发展中国家走向繁荣。至少话是这样说的。在这些语境中用来描述创意企业家的语言正是整个现代性过程中用来描述创意艺术家的。艺术家长久以来已经习惯了风险和持续不断的变革，靠直觉来工作。文化行业一直处在“不断的创新之中，直觉性地沉浸于该领域中，因而能对市场未雨绸缪，并及时作出反应。这个行业愿意打破规则，抛开朝九晚五的生活，在风险与失败中成功，将生活和工作结合、意义与金钱结合。这是一个先进的部门，是其他部门可以奉为样板的”（O’Connor & Gu，2006：273–4）。换而言之，艺术家成为企业家的模板，创意企业家成为新经济的典范。

24

文化的地位发生了变化，从商业企业现代化狂潮的反对阵营

（批评），变成了一个国家竞争力的重要组成部分（生产力）。似乎突然地，学术界的人文学者能在商业和政府的创造财富的讨论中发挥直接的作用了。而且，当今更宽泛的问题是：如果企业需要艺术家的创造力，而创新需要知识分子及机敏的阅读大众（reading public）二者的“读写能力”，那么在普通人群中这些能力的分布有多广呢？对于教育机构而言，在推动数字技术的使用从而实现整个人口知识和创造力的解放这一过程中，他们可以发挥什么样的作用？他们如何能够协助提升这种数字技术的使用，使之有益于整个创新体系？抑或是可以借助私人部门来做这项工作，为创意企业家提供恰到好处（成败在此一举）的“培训”，为创意公民提供商业的随学随付服务。如果任由情况按照现在业已展开的商业化的路径发展，随着分布式学习在正规的教育机构之外站稳脚跟，“大学到底作用何在”这一问题将愈加迫切并日益尴尬。

在《读写能力的用途》一书的结尾，理查德·霍加特说道：“无论哪一个阶级，其大多数人都有强烈的知识追求欲，似乎是不可能的。”霍加特意识到了这一点，因而他的行动方案不是要把人们变成知识分子，而是让工人们去阅读《泰晤士报》而不是八卦小报。（Hoggart，1957：281）他反对流行娱乐，不是因为其无法让工人转变成知识分子，而是因为流行娱乐“使得缺乏知识能力的人们更难以自己的方式变得智慧起来”。如果把这一点当作目标，那么在YouTube、聚友网、Flickr和维基百科的时代，流行媒介是不是使得这一目标更难实现呢？

25

如果创意和创新是商业民主社会的希望，就有必要提出比如何培养具有批判性读写能力的群众更加有抱负的问题。事实上在当代“理查德·霍加特的用途”在于：探究在视听读写能力的起步阶段，应该抱有何种期待？当代交互媒介是否仅仅构成“真理”的另一条路径；在一个改良的教育基础设施之内，对创意想象力人才的大规模的公共、私人和个人的投资，是否不仅有助于个人的内在生活，而且可以促进国家财富的创造？个人的解放，知识和创意上的自由，是否也是通向经济发展的康庄大道呢？

同样的问题也可以从相反的方向提出。在经济和教育论点后是对个人想象力的内在生命的坚持——这是创意与知识的源泉。这就意味着仅基于现有结构（市场）或者机制（比如公司）之上的经济政策是不够的，因为这种政策只是对过去的重塑。创新政策要求我们使得行动者（agent）能自己思考他们想要做的究竟是什么。经济26政策需要聚焦“真理的另一条实现途径”，即个人通过知识的传播和增长推动创新。无论在配送或者销售实现了何种规模，仅仅依靠个人的力量，个人创造力极少能走得很远（需要团队合作），个人仍然是创造力的“单元”。

如果我们接受这样的观点，即当代经济体是复杂的适应性的创新网络，依靠形形色色千千万万的个人行动者来驱动，而不是由精英机构和领导者控制的封闭的专家系统，那么接下来的问题就是，如何在一个复杂的网络中鼓励个人想象力。看待这一问题的一种方式是聚焦于将同时作为结构性变革的行动者和客体（object）以引导系统发展的人物。他们就是“青少年”。令理查德·霍加特沮丧的是，这正是他在奶品店碰到的那一类人。在他而言，青少年是客体——“看管机器的阶级的毫无方向的、顺从的奴隶”（1957：205）。他错失良机，没有将这些奶品店中的常客视作研发的行动者。正如霍加特所见，他们非常明显正通过投币式自助点唱机、着装、舞蹈动作、外表以及美式英语进行这样的研发。这是蛹化成蝶的“成体”生产力之前的“幼体”阶段——口齿不清，敏于接受，贪婪地积累资源。在20世纪60年代，这些当年的青少年成为了流行文化和反主流文化的创业者。考虑到霍加特偏好现存结构（自力更生的工人阶级文化）而不是动态的变革（美国的流行市场），那么需要的就不是简单地应用“霍加特”来解释当下的现象，而是要论证当代的霍加特们不能再犯当年的错误，而应该认识到实实在在存在着的“真理的其他实现路径”。（体制化专家眼中的漫无目的的、徒耗韶华的白日梦（daydreamming）和恶作剧也应该被看作是（或者至少应该对此加以研究）未来创意可能性得以增长的“孵化器”。） 27

在家庭、工作和学校之间的间隙中，人们尤其是年轻人可以思考自己的身份，与同龄人交往，表达自己的思想，逃离某些社会控制的结构。而这一缝隙也是流行娱乐的基础——无论这种娱乐是现场的还是媒介化的，推动这一创意产业最重要部分的想象力内容的发展。音乐、媒体和游戏是青少年白日梦（有关愿望实现的叙事）和同伴恶作剧（戏耍、游戏或者动作—冲突的剧情）的规模化形式。流行媒介成长于（政府和商业的）精英体系与普通人群之间的间隙，赋予人们“内在生活”的欲望与恐惧、希望与冲突、谋划与游戏以高度资本化的表达。

一般来说政府只会去控制或者至少尽量淡化这些趋势。但青少年似乎反对父母的或者体制的约束，其原因在于后者是“过去的地图”，而青少年则是直观面向未来的。尽管青少年引导的创造性革新的现实可能不总是繁花似锦，公共政策还是需要将做白日梦的调皮青少年看作机会而不是威胁。如霍加特（1957）所说：

> 追求享乐的、消极的野蛮人会花3便士车费乘坐50马力的公共汽车，再买1先令8便士的门票，只为观看一部耗资500万美元拍摄的电影。这个野蛮人不仅仅是社会怪物，同时也是奇才。（205）

而奇才是变革的先驱。青少年的需求推动创意性革新。令霍加特反感的是年轻人的梦想在很大程度上已经由娱乐业替他们做过了（尽管他不介意如果替年轻人做梦的是奥登或者劳伦斯）。这个问题至少 28

从莎士比亚时代就开始了。尽管消费者生成内容使得年轻人的自我表达大规模增长，这一问题至今仍旧存在。然而，即便青少年受娱乐制作人影响，或者使用成年人设计的“杀手级应用程序”，他们仍然是变革的需求“单元”和表现“单元”，正如个人是创造性革新的“单元”。霍加特对年轻人的忧虑正是这一点。他的目的在于描绘他称为“丑陋的变革”（Owen，2005：171）的东西，因为它威胁到霍加特非常看重的“存在的秩序”（Hoggart，1957：69）。在辨别文化变革、指出如何深切感受到秩序与变革之间的张力以及这种张力本身在文化上的生产力这些问题时，霍加特显示出其观察的敏锐。现在来重新评价他的“方法”也许只需要注意这一点就足够了。也许确实不需要遵循霍加特自己的某些特定的评价，这些评价似乎更加看重工人阶级的家庭纠纷甚至是全家自杀事件（67–9）超过了奶品店的装饰和“自助点唱机男孩们”（203–4）。这种厚此薄彼使人无法认识到，体现在“自助点唱机男孩们”身上的秩序与变革之间的文化张力不是一种选择（当面临选择的时候，霍加特选择了秩序），其本身恰恰是创造性革新的推动力和生产者。霍加特在对“驯服的奴隶”和创造性想象力的隐晦对比中看到了这一点。一个国家，如何避免前者而鼓励后者呢？

29 教育者的教育

如果忽视消费者引领的、分布式的、交互的、多来源的学习所带来的启发，教育体系将自食苦果，广播机构和出版商也同样如此。霍加特对“流行艺术”内“生活的质量、反应的性质、对智慧与成熟的锚定”的愿景，是以“真正具体而个人的”表达为基础的。这些“真理实现的其他途径”，可能是全世界广泛的创意公民实现这些表达的最大希望所在。而这些表达也是创意经济的研发组成部分，促进知识的增长和社会的进步。这本身就是一种出人意料的额外的创新。

高等教育在现代化和转向方面的努力能否扩展到中小学教育？这是一个错综复杂的问题，因为学校教育的一部分目标就是“驯服奴隶”，因而也恰恰是许多青少年渴望逃离的环境。他们使用自己不学自通的多媒体读写技术，享受自己想象的世界。在这个世界里，他们私下的梦想可以在商业声道（苹果公司的 iPod）和得偿所愿的各种故事（电影）的协助下增添细节，他们的恐惧可以在愤怒和浪漫的歌曲中得到表达，他们自己的恶作剧的种种诡计和增加同伴友谊的种种设想可以通过从 Walkman 到 iPhone 的五花八门的移动设备来加以推进。正规学校教育和非正式的文化适应之间的割裂——也许称得上结构性矛盾了——引发了对青少年行为的公众焦虑。举一个典型的例子。2004 年，《澳大利亚金融评论》（澳大利亚版的《金融时报》）刊发了一篇题为《青少年的秘密生活》的专题文章。该文暗示，在现在的家居生活中，卧室房门另外一侧发生的，对家长和其他成年人来说简直就是一个封闭的世界。在那儿，14 岁的青少年通过手机、调制解调器和媒体在电子世界里运筹帷幄。 **30**

> 澳大利亚今天的青少年是对电子产品最娴熟、教育程度最高也是最有全球意识的一代。他们有钱，对努力学习找工作抱实用主义的态度，而且很乐观。他们是“点击进入”的一代，生活在民主化的家庭里，妥协谈判，觉得自己有权享受私人空间。（20）

一直以来青少年不仅仅是流行媒体而且是严肃媒体中引人入胜的臆测对象，因为他们的“秘密生活”给每个人未来世界的可能轮廓赋予了具体形式。他们的生活可能根本就不是什么秘密，但是他们正在面对的世界的种种现实——他们的未来——可能确实不为某些人所想所见。这些人的工作就是替这些青少年担忧，包括父母、记者、教育者、政策制定者以及选举产生的代表等。如果今天的青少年真的生活在一个这些专业人士几乎难以辨认的世界里，那么分享这一秘密就显得十分重要。然而，在学校里分享这一秘密可能不太容易。青少年习惯于老师们努力寻求的控制、淡化和提供对他们“有用”的数字读写能力。他们不一定认为学校的任务在于此。因此这不是简单地在学校里教授我们现在所认识的数字读写能力的问题。要为数字读写能力的未来发展作出有益的贡献，学校需要在努力改变青少年的同时改变自身。而在学校教育中主要需要改变的恐怕是教师。

31 创意劳动力

在试图找到21世纪经济和社会进步的推动力时，约翰·霍金斯（John Howkins）认为单靠信息技术已经不够了。他提出，“信息社会”已经让位于某种更具挑战性的局面。

> 如果我是一组数据，我会很自豪，因为自己生活在一个信息社会。但是，作为一个会思考、有感情、有创造力的生命——无论如何，在不错的一天里——我想要的更多。我们需要信息，但我们也需要积极、聪慧，并且锲而不舍地挑战这些信息。我们需要原创、质疑、好辩、决绝，时不时的我们还需要持彻底的否定态度——一句话，我们需要有创造力。（Howkins，2002）

社会学家理查德·佛罗里达（Richard Florida）发现了一个新的经济阶层——“创意阶级”。他认为，这一阶层将主导未来世纪的经济和文化生活，正如工人阶级主宰了20世纪早期的几十年，而后由服务阶级接手。虽然在规模上创意阶层比服务阶层小，但却是服务业因而也是整个经济的增长和变革的动力所在。附带地，创意阶级也是时代气质变化的动力，是一股文化的力量，同时也是一股经济和社会的力量。可以说“阶级”已经发生了迁移，从蓝领和白领的环境，来到了“无领”工作场所（no-collar workplace）。

> 艺术家，音乐人，教授和科学家一直自己设定作息时间，穿休闲服，在富有启发性的环境中工作。绝不能强迫他们工作，但他们无时无刻不在工作。随着创意阶级的兴起，这种工作方式已经从边缘走向经济的主流。（Florida，2002：12–13）

32

佛罗里达描述了无领工作场所“以新形式的自我管理、同行认可和压力以及内在的激励形式取代了传统的等级制的控制体系”。他把这种新的形式称为“软控制”。因而，

> 在这种环境下，我们努力更加独立的工作，更加难以应付无能的管理者和盛气凌人的老板。我们牺牲工作的稳定性来换得自主性。除了为我们所做的工作和我们拥有的技术取得报酬以外，我们希望能拥有学习和成长的能力，构筑我们工作内容的能力，掌握我们自己的日程和通过工作表达我们自己的身份的能力。（13）

有创意的教育者？

对劳动力进行工业化的组织，辅之以强有力的工会化，使得工作体验趋向标准化。当雇主像许多教育管理机构一样成为指令性的官僚组织时，控制、可预见性和规定程序就往往会凌驾于创新、分析和个性化服务之上。甚至他们自己的组织都承认，教师受到的培训不是为了“培养创造力”：

> 至今为止，在学校中培养学生的创造力和创新能力尚未成为教授职业学习活动的主要着眼点……这些问题是非常大的挑战。（MCEETYA，2003：163–4）

33　肯·罗宾逊爵士（Sir Ken Robinson）将经济与教育的当务之急联系起来：

> 我们大家生活所面临的经济形势，我们的孩子们努力打拼时所面临的经济形势，与10年或者20年前相比已经发生了翻天覆地的变化。为此，我们需要不同的教育风格，需要重新考虑轻重缓急。我们不能用19世纪的教育理念去面对21世纪的挑战。我们自己的时代正在被纷至沓来的科学、技术和社会思想等领域的创新所裹挟。为了跟上这些变革的步伐，或者走在这些变革的前列，我们需要充满智慧，完完全全如此。我们必须学会变得有创造力。（Robinson，2001：200–3）

说到，“探索新的方式，提升教师的专业知识和技能，这样做的时机已经成熟”。他认为，需要“深层次的变革”，对学校进行改造而不仅仅是改进。这种需求的驱动力在于：

> 人们越来越认识到，在知识经济时代，需要有更多的人变得更加有创造性。这一点本身就要求我们用新的眼光来看待教学。在不贬低基础知识的重要性的前提下，我们必须努力通过教育来培养创造性、创新性和进取心等品质。（Hargreaves，2003：3–4）

作为专业人员，为自己也为学生，教师需要：

- 培育有助于促进就业的个人才干；

- 在学生中培养管理组合型职业（portfolio career）的能力：自我就业、自由职业、非正式或者非全职的工作，为多个雇主甚至在多个行业工作等； 34
- 学习项目管理和企业家精神，并将其作为核心技能；
- 鼓励以项目为基础的团队工作，这种工作须有多个合作伙伴而且合作伙伴经常变化；
- 与国际环境联系在一起，视继续教育为常态；
- 日益重视生活设计以及就业技能；
- 为自己也为学生学习如何从入门级的劳动力职业转向创造财富的工作目的。这可能包括放弃就业，独立工作。

所有这些目标都需要在专业化的知识、教学法、课程设置、评估以及教育者和学生的教育体验等方面进行重大变革。其中每一项都是“生活”技能而非“读写能力”，不管是数字化的还是其他的读写能力。但如果要让数字读写能力在广大的人群中开花结果，所有这些目标都是缺一不可的。

作为分布式系统的学习

> 公共部门革新的出发点必须是革新公共部门与其所服务的社会关系。部长们必须负起责任，解决选民们希望解决的问题，而不是管理五花八门的政府部门。（Leadbeater，1999：207，215）

查尔斯·利德比特（Charles Leadbeater）对因循守旧地进行管理，而不是去解决新问题这种现象的危害提出了强烈警告。这种警告也适用于那些在知识社会中推进学习的人所面临的挑战。公共教育体系（包括私立学校）未必最适合应对新知识经济的挑战，满足 35

对创新型、创造性、适应性和充满好奇心的消费者—公民的需要，而这样的消费者—公民正是新知识经济赖以繁荣发展的基础。

20 世纪的教育现代化，在其肇始之初是以大规模扩大正规教育体系为基础的。而较近时期，则日益以集中制定的绩效目标的方式提升生产力。毫无疑问，这种现代化巩固了由中小学、高校和政府部门构成的教育体系，但也无意中对教育系统中所传授的知识类别以及更大范围内社会学习的欲望构成了负面影响。因为它偷偷摸摸地将工业时代的“封闭的专家体系”带入了教育“产业”。而恰恰在这个时候，“工业”自身却在衍变成为一个以市场为基础的开放的创新网络：

> 这种现代化的方式同时强化了一种对教育的根深蒂固的保守看法。这种看法认为教育就是由等级制度森严、学科专业界限分明的机构来传授知识……这种文化反映了两种传统：修道院和泰勒式的工厂。前者是封闭的以珍贵的手稿为形式的知识宝库；而后者则鼓励标准化的、可简单复制的知识。由此而来的教育体系则是一种集工厂、神殿、图书馆和监狱为一体的奇怪的混合体。（Leadbeater，1999：110）

36

利德比特认为，对教育而言，与其在一个可控制的环境里提供学科性的知识，不如转向需求端，去激发学习的欲望：

> 教育的目的不应该是知识的灌输，而应该是能力的发展：包括基本的读写能力和运算能力，也包括负责任地与人交往的能力、积极主动的能力，以及创造性地与人合作开展工作的能力。而最重要的，则是继续学习的能力和渴望。学校教育过多会扼杀学习欲望。（1999：111）

创造一个以“渴望学习”为特点的社会，仅仅对正规的教育体系进行扩容是不够的：

> 我们需要兼容并蓄的公私体制和融资结构。中小学和高校应该更像社区内学习的枢纽，能深入社区之中。（Leadbeater，1999：111–12）

个人和家庭能够而且将会为他们自身的知识需求承担更多的责任。学习服务将由公共和私人机构共同提供，服务的目的取决于学习者自身的需要，而不是为了提供正规的资格认定。简而言之，学习将成为分布式的系统，专注于创造力、创新和个性化需求，成为一种跨越多个场所的网络化活动，从家庭厨房到工作早餐，从教室到车间。各种制度下的教育实践需要开放，需要更加兼容并蓄，更加迅速地应对变化中的经济和社会因素。线上和移动媒介已经成为在开放的创新网络中开展分布式学习的一种模式。

37

从作为知识传播的教学到作为知识生产的学习，这一转变意味着教育体制的一项重要责任在于激发人们学习的欲望，帮助人们学会学习。这样，教师就成为了学习创业者（*Learning entrepreneurs*）、管理者或生产者，而教学则让位于学习项目的设计。这不仅仅是词汇的不同，更是实践的根本性变革。如果教育制度的目的在于为青年人作好准备，以适当的方式应对他们一生中将要面临的挑战和承担的责任，如果社会在不断变化，那么“我们向年轻人介绍社会的方式也应该作出相应的变化”（Bentley，1998：38）。

教育领域的创业者

显而易见地，理查德·霍加特不相信他所认识的大学教育适合分析工人阶级消费者们理想的读写能力用途，更别说推广这些能力。

因此，他去伯明翰后，便创立了一个在当时的大学中非常新奇的机构，即当代文化研究中心。他继续在非正统的教育机构中工作，如工人教育协会、联合国教科文组织以及金史密斯学院，并且继续干预商业文化中的教育层面（如《查泰莱审判》和《皮尔金顿报告》)。他的榜样也仍然有启发意义，而且不仅仅在高等教育的层面。霍加特是一个教育领域的创业者，试图在工业化的劳动力和普通消费者中推广读写能力的用途，使他们变得“有批判力”。在他而言这意味着独立思考，有“创造力”和“创新精神”，虽然当时的辞藻不同。他建立在其偏左的李维斯主义的、有些反美的文化偏见之上的重要创新在于，把大众读写能力不仅仅看作正规教育的问题，而且还看成一个文化问题。而这种文化又几乎完全是由年轻人在“自由”时间里欣赏的商业媒介所构建的。分布式的、渴望娱乐的“阅读大众”在 20 世纪 50 年代已经成为“商业民主社会”的重要组成部分。随着名人文化（celebrity culture)、“注意力经济”（economy of attention，见 Lanham 2006）以及使用数字技术的端对端的或者自助式的（DIY）创意内容生产的快速发展，这一阅读大众的范围大幅扩展：今天，至少在理论上说，每一个读者—消费者同时也可以是出版者、记者和“创意人士”。霍加特希望普通人和非知识分子人群能最大限度地使用其读写能力，能“以自己的方式变得智慧起来”。我将霍加特视作读写能力的“理论家”和“大学理念”的现代化者（Newman 1907)，以及文化研究的奠基人（文化研究知识他更高目标的载体，Hoggart 1992：26)。他是想象力和知识的解放者。这可以解释为什么“理查德 · 霍加特的用途”得以持续。他的后来者面临的问题在于，对他所珍视的“真理实现的其他途径”构成更大威胁的，究竟是学校、教师和知识分子呢，还是流行媒介和消费者服务机构。

第二章

从意识产业到创意产业

消费者自创内容，社交网络市场以及知识的增长

> “业余爱好者的自创行为能产生的结果是以公司为主导的市场模式所无法实现的。”
>
> ——乔纳森·齐特林（Jonathan Zittrain，2008：84）

媒体产业研究：地覆天翻？

39

根据《时代》杂志（12 月 25 日刊）的说法，2006 年是一个分界点：“你”做主的年份，最佳的体现便是 YouTube 网站中的 you（你），即消费者自创内容的年份。如果这一现象是媒体产业本身的一种崭新的现实，那么这种现实对于媒体与文化研究而言又意味着什么呢？这一领域早该由消费者接手。长久以来，处于主导地位的一直是众多的自上而下、具有意识形态动机的政治经济学模式，这些模式一直在维持着媒体效应范式（“媒体对观众做了什么”），但早已超过了其存在的合理期限。在媒体产业研究方面，人们过多地将注意力集中到了公司和提供商身上，而极少关注消费者和市场。但

是伴随着用户自创内容的产生，这一问题在上一代研究中以使用与满足理论被第一次提出的，并由符号学以及积极观众学派所传承的 40 问题（“观众对媒体做了什么”）再次浮出水面，并且集聚了更大的力量。不同的是，这一问题，即媒体产业与观众相互之间对彼此做了什么，曾经是个性化的、功能化的，如今伴随着使用 Web 2.0 交互功能社交网络的到来，可以上升到系统化以及群体化的层面。

同时，一直以来由不同的学科领域分属的经济与文化方面的系统与进程研究也有望得到整合。如今，学界或许有机会以一种有史以来第一次、全面的方式来整合政治经济学与文本 / 观众的研究方式，整合处在酝酿与变革过程中的经济与文化价值观的研究。

富有创意的“业余的”用户可谓孜孜不倦，说明自创的媒体内容早已打破了广播时代主导媒体内容制作的专家范式。这一现象对于普遍意义上的产业而言是否都是一种征兆？如果答案是肯定的，那么 YouTube 一代正在塑造着整个经济中创新与增长的未来，并且将超越该层面进而进入文化与社会的层面。如果情况果真如此，“媒体产业研究”将提供一种普遍意义上的公共服务，唯有如此，媒体产业研究方能理解经济层面与文化层面上新兴的体系与价值观，集中力量直接分析变革的进程与动态。这些变革将引领媒体产业研究走出“媒体力量”的研究进而走向“知识增长”的研究。

然而，研究媒体产业的很多作品中仍然保留着一种明显的意识形态对抗的痕迹：倾向企业创新的倡导者（如 Beinhocker，2006；Leadbeater，2002，2006）与反对资本主义的怀疑论者（如 Garnham，1990；Schiller，1989）之间的对抗。从产业范式、专家 41 范式再到消费者范式、社交网络范式的转变过程中，新的问题持续不断涌现出来，新的问题亟须关注：既包括卖方垄断的倾向（比如单一的内容提供商），也包括买方垄断的倾向（比如单一的劳动购买商），新老媒体公司都存在这些问题；还包括“无偿劳动”这一日趋流行的问题，即消费者与用户无偿提供的劳动以及“媒体产业”内的就业状况。（Terranova，2000）虽然如此，如果采用基于“产业”的批判方法（姑且如此称呼），这些问题便无法得到透彻的理解；真正需要的方法是一种基于“信息”的方式。然而，采取后者这一方法将会改变批判规则。正如缇兹安娜·特拉诺娃（Tiziana Terranova）所言：“信息在文化层面的派别之争并非是一种源自消极面对整体社会科技力量的极端替代方式；相反，它其实是信息文化本身的一种积极反馈效应。”（Terranova，2004）

标准的“批判”立场——“消极面对整体社会科技力量”——让我们注意到媒体参与这一“杯子”总是处于“半空”的状态，但是没人解释这一“杯子”是如何进入“半满”状态的。批判分析无须表明立场，不论口号是谷歌的“不做坏事也能赚钱”[1]还是新闻集团（News Corporation）更为简单的口号——这里笔者做一概述——“我们将之货币化吧”（‘let’s monetise that’）。无视新媒体的发展状况及其市场化的状况不仅是“批判”意义上的鼠目寸光，同时也是“产业”意义上的自掘坟墓。新闻集团的总裁兼首席运营官彼得·切宁（Peter Chernin）早已向其业内的同仁指出：

> “积极创新便有丰厚回报，故步自封等于自掘坟墓，”他这样说道。按照切宁所言，传统的媒体公司必须关注科技的发展动态并且对自己的商业模式作出相应的调整。“人们本能的第一反应是对自己不理解的事物进行盲目的批评。认为用户自创的内容毫无价值或者博客文章缺乏权威而对之不屑一顾的做法，不仅毫无建设意义，并且纯粹是浪费时间，”切宁如是说。（Advanced-television.com，2007）[2]

42

因此，“媒体产业研究”需要进行关键的改进，原因是外部的学术环境以及产业环境都已经发生了变化。媒体产业研究需要关注的是变革与成长，而非坚持主张（严格僵化的）结构与（残存不多的）权力。

产业：现实？比喻？

问题并不在于努力研究“产业”（industries）这一值得称赞的工作，而在于“产业”（industry）这一术语本身。与普遍意义上的语言一样，社会科学与人文学科两者都有从其他领域借用比喻来确定并描述自己的研究对象的悠久历史。“产业”便是此类术语之一。但是，如同其他组织范畴内的比喻术语——“资本主义”“社会”“文化”“全球化”，产业这一名字本身并不描述现实中实际存在的、可感知的事实存在。你的脚趾头在现实中是无法实际碰到某一产业的。也正因如此，在经济学这一有志于实现科学精确度与数学精确度的学科中，“产业”是一个衍生词汇，而不是一个自然范畴：

> 在微观经济学理论当中，产业是不存在的。当然，现实存在的是代理、价格、商品、公司、交易、市场、组织、技术与机构。在任何单个主体的兑换或交易层面上，这些术语在经济上都是真实存在的。（Potts et al. 2008）

43

公司制造产品或者提供服务，而“产业”则是公司、行为、价格等要素的抽象集合。“产业”这一术语的使用更加宽泛，可以与商业、贸易、市场甚至群体这些词汇互换使用，例如，“你在这一行里工作吗？”[3] 这并不意味着这一术语形同虚设，只是说明在使用的时候需要格外注意，与之相伴的是一连串的分析解释。虽然如此，媒体研究过去在借用这一术语的时候认定它是不言而喻的、真实存在的，并且隐含着不仅赋予了纵向整合的产业公司以道德层面的特征

（主要是“恶”），也给予了它们过高的或者说是“惊人的权力”的意义，这一点艾恩·科奈尔（Ian Connell）在20多年前就已经指出来了。（Connell，1984）结果，“该产业”，也就是媒体，现在经常被描述为具备一些事实上并不具备的性质，例如良知，不久进而被人格化为业界的巨头、大亨以及形形色色令人生厌的人——赫斯特（Hearst）、博鲁科尼（Berlusconi）、默多克（Murdoch）……《公民凯恩》……舞台反派。总体而言，产业范围内的代理这一比喻带有的隐含意义包括权力、控制、秘密计划以及对消费者、观众的物化，经常从道德上、意识形态上引发人们对财富创造本身的诸多忧虑。

“产业”是一个十分现代的术语。现代社会之前的传统社会中并不存在与之相对应的词汇。“产业”来自拉丁语的“勤劳”（diligance），通常用来描述蚂蚁，最初出现在早期的现代英语（15世纪）中，用来描述个体的行为：“机智或聪明的工作；做任何事情中显示的技巧、聪慧、熟练或者聪明。”（《牛津英语辞典》）19世纪的时候，“产业”一词被比喻性地用来描述大规模系统生产作业与制造（例如，“产业领袖”“产业家”）；到了20世纪，“产业”一词再次被比喻性地用来描述任何“有利可图的行为”（“莎士比亚产业”“堕胎产业”），或用来描述某国的工业化进程。（上述词例皆出自《牛津英语辞典》）

这一外推法，从个体“有计划的勤劳”到工业革命再到“有组织的剥削”（organized exploitation），产生了一个体系模型。因此，“产业”需要的不仅仅是个体的勤劳。这个体系的运作离不开闲钱（资本）[4]、专业化（劳动分工）、煤炭与蒸汽（新能源）、铁路与路透社（更加快捷的交通与通信）、织布机（技术与机械）、工厂与城市（“产业”规模）、无产阶级（有组织的、训练有素的劳动大军）以及他们的妻子（日益富有的消费者）。个体手工业者沦落为“劳动力”，其价值沦落为“手”的价值，并且工作本身从手工劳动转变为重复性的例行程序，查理·卓别林演的《摩登时代》(*Modern Times*，1936)便是对此的最佳嘲讽。20世纪的标志是意识形态上的对抗持续不断以及知识界与产业界的“阶级战争”(class war)，因此，作为一个体系的“产业”这一概念带着意识形态对抗这个行囊也从未走得很远。“产业”仅仅是那些对被称为“意识产业”以及“思想工业化”(industrialisation of the mind，见 Enzensberger，1974)或者是“制造共识”(manufacturer of consent，见 Herman & Chomsky，1988)进行过思考的知识分子、评论家以及社会学家头脑中对工业化持有的一种愿景。因此，当人们在过去谈到“媒体”的时候，自然而然地，将“产业”理解为全社会层面上的“有组织的剥削”，而不是指在生产与传播意义丰富的内容的过程中的“有计划的勤劳”，其所采用的是偏见、操纵与意识形态，而不是创意、创新与对话。

45

当前，媒体“产业”中(如同任何其他服务中)的多数现象与工业理念中的“产品生产”相比而言可谓是大相径庭。这又是另外一个延伸的比喻。媒体“内容”并非是一种“产品”，媒体观众对“内容”所作的也并非消费。“消费”事实上是一个前工业化、农业化的比喻，适合用于真正被消耗的食品。文化“产品”或者符号“产品”，例如音乐、出版作品的音像叙述，可以长期存在并被无限制的重复消费。(Granham，1987；Lotman，1990)进一步讲，“产业”这一标签对于推动新颖内容创作的小型企业与微型企业而言并不精确。许多表演者与自由职业者更像是巡回流动的贸易商而非产业家；特拉诺娃(Terranova，2004)将开放源代码运动称为“互联网修补匠”，在他们所运作的市场中，到目前为止，真正的“消费者”一直都是互联网普及前的处于垄断地位的买方“媒体产业群”：音乐家将作品卖给唱片公司，电影制作人将作品卖给电影发行人，电视节目制作人将产品卖给电视网络。创意归属的市场所服务的对象是大企业，后果之一便是普通大众持续地倾向于认为创意智力财产是一种公共品，进而导致版权、数字权利管理（digital rights management）、文件共享（file-sharing）、剽窃与盗版方面的矛盾与斗争在相当大的范围内此起彼伏、令人唏嘘。

向发行人出售创意服务与"内容"的小型独立贸易商集聚到一起，人们常常以借代的手法冠以市场集中所在的区域名称："好莱坞"、"锡盘巷"、"沃德街"、"舰队街"、"硅谷"，等等。事实上，要让普通大众相信的确存在媒体产业这样一个事物，比如以"好莱坞"（一个模仿衍生的实体，事实上并不存在）的形式存在，需要不断地通过新闻、预览预评、业内传言、品牌宣传等方式进行"想象"与"发明"，而政府、企业、营销等各个方面都要作出相当程度的努力，这一点约翰·考德威尔（John Caldwell，见 Caldwell 2006）早已指出。有了 Web 2.0 之后，越来越多的人都在问这样一个问题：通过如此繁复的比喻来过滤消费者需求的方式是否真的有利于创意本身与开拓精神？或者说是否有可能在更加公平的基础上重构生产者与消费者之间的关系？实践当中，那就意味着要重构市场，事实上这一进程当前正在推进之中。 46

从产业到（社交网络）市场

虽然这些比喻并不完全符合事实，对"产业"作贴近常识的理解足以满足大量发行的报纸与广播行业的要求，但由于人们在想象大众传媒的时候很容易使用另外一个比喻，从诸如"传播"与"产业"等抽象概念联想到一个具体实际的事物，如电线。因此，产业生产与传播都一直被认为是单向的，意义与"内容"就像电子信号沿着线缆前进一样沿着价值链前进，就像克劳德·申农（Claude Shannon）提出的在该领域中沿用了五十年的基础模型（1948：2）中提到的那样：

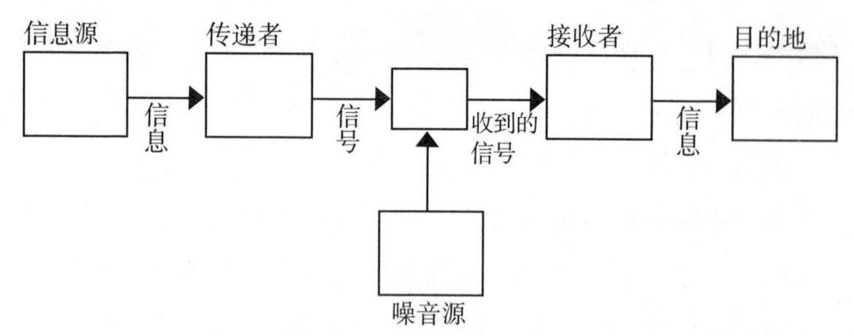

申农的“通用传播系统图式表”：单向大众传播遭遇产业价值链

47　然而，美国总统克林顿执政期间崛起的互动科技以及此后广泛分享的自制媒体让我们清晰地看到当代科技与媒体可以以何种方式用于双向、点对点的社交网络传播。这个市场之中，产业并不对人们做事情，事情是由人们来做的；人们并不是由媒体来表征的，也不需要屈从于媒体自身的表征，人们可以自我表征。传播是双向进行的。普通观众放弃他们作为大众传播对象的“工业化”或被动地位，转而恢复到他们最初的主动“沟通者的”角色。他们成为了传达意义的源头而非终点。（Hartley，2008b）

为了说明这一点，可以借鉴另一个传播模型：由盎格鲁－威尔士计算机先驱唐纳德·戴维斯（Donald Davies）与波兰裔美国人电气工程师保罗·巴兰（Paul Baran，1964）独立开发的分布式网络模型，该模型为互联网早期的设想奠定了基础。（Barabási，2002：143–5）唐纳德·戴维斯发明了“分组交换”（packet switching）[5] 这一术语。

我们可以从巴兰的模型进行外推，将 C 点的点对点特征与 B 点的多链接枢纽相结合，从而构建一个协调式的社交网络模型，这与 A 这个以集中控制为基础的命令系统形成了鲜明的对比。值得注意的是在集中式沟通中，每一个新链接产生后，只有控制得到了拓展；而在分布式的沟通中，整个网络是可以无限拓展的。如果要建立一个协调式的网络，事实上必须要放弃集中式的控制；复杂的内部相互联系可以在没有控制中心存在的情况下自发地形成秩序。

48

从申农到巴兰的视角转变具有重要意义，这将人们的注意力从A模型转移出来。当然，这或许无意之中鼓励人们对产业产生了一种“殖民主义”或者是“帝国主义”的观点，消费者被细化为位于别处的“试验品”或者说是起因的作用对象，“总是已经”（偏执狂用语；见 Althusser，2001：119）被定位于一个结构之中，而在这一结构之中他们是没有自己的创造能力的；他们仅仅是权力的作用对象。与此相对的是，在一个协调式的市场中（B模型+C模型），消费者可以被想象为具备“达成一笔买卖”——即就一项交换达成一致共识，其中可能要求一种持续存在的关系——的能力的；消费者会对自己能够得到好处进行一定的盘算，也会向提供商支付一定数量的金钱或者给予相当的关注。这便是在一种复杂的选择网络（意义体系）[6] 中进行的双向的交易（对话）。

在工业化时代，利润通过对生产资料进行投资而产生（福特/泰勒工厂系统）。即便是在这一时期，媒体也尚未成为标准意义上的“产业”，原因是“文化产业”中权力与利润的中心并非生产，而是传播。（Garnham 1987）然而，自从强大的计算机技术普及进入消费者群体之后，传播本身也发生了变化。虽然电视与媒体巨头仍然十

49

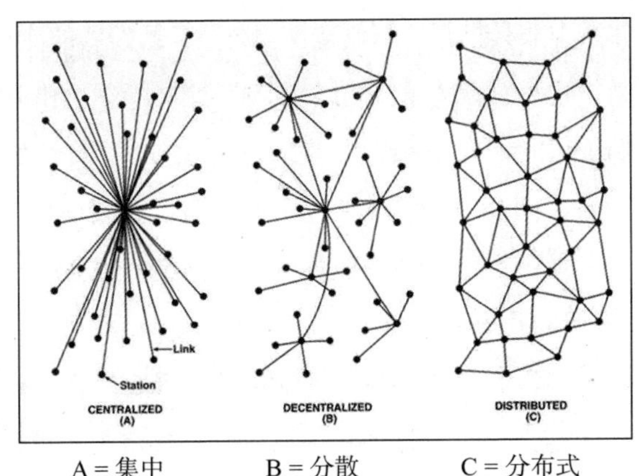

A = 集中　　B = 分散　　C = 分布式

保罗·巴兰的分布式沟通网络模型（因特网模型）。[7]

分活跃，并且观众观看电视也要远远超出自己拍摄的数量，但单向传播的“广播模式”，即从一个强大的中心机构向彼此分散、互不联系的被动的消费者传播的模式，正以前所未有的速度让位于“宽带模式”。在“宽带模式”中，消费者通过社交网络相互连接在一起，生产能量可以来自网络体系中的任何地方。因此，《时代》杂志所谓的“一个前所未有的范围内关于群体与合作的故事”——“你”的故事——正在为整个经济 / 文化体系构建新式的国体、公民以及参与形式。

“创意产业”的概念

用户自创的内容无论是被评价为企业的诡计还是被称颂为实现“数字民主”的契机——不论你是从“半空”的角度还是从“半满”的角度来看待玻璃杯，有一个事实并没有改变，那就是自创媒体的崛起给“媒体产业研究”提出了许多重要的问题。对“产业”这一比喻进行重新思考已经势在必行，应该涵盖该体系中所有的主体，而非仅仅是传承下来的企业架构。认为影响与传播只能单向流动的假设，现在也应该予以抛弃，并且严肃对待在一个众多大企业参与运作的大体系中兼具批判性与创造性的公民—消费者的能动作用。

近年来，这种再思考在“创意产业”这一新领域中开展得如火 50 如荼。（Hartley ［ed.］, 2005）在对创意产业进行明确与解释的过程中提出的众多问题对“媒体产业研究”而言意义重大，理由是创意产业所处的地带恰恰是新价值观（不论是经济层面的还是文化层面的）、新知识以及新型的社会关系涌现的地带，并且这些新鲜事物正处在通过市场机制而被全社会逐渐接纳与吸收的进程中。甚至可以这样说：“创意产业”是创新在发达的知识经济中所呈现的经验主义形式，而其重要性——如同媒体的重要性一样——已经超出了其作为一个经济部门所具有的重要性，扩展至其作为具有普遍意义的社会支撑技术手段的角色这一范畴。这将使得创意性创新与其他诸如法律、科学、市场等社会支撑技术手段具有同等重要的地位。媒体（以“文化产业”的形式）曾经被认为是现代工业时代进行意识形态控制的社会技术手段，创意产业可以被看作是以知识为基础的复杂体系时代之中创新分布的社会技术手段。在上述任何一种情况中，它们的价值都远远大于其作为一个“产业部门”所具有的价值。如果要评价法律或者科学的重要性，很少有人会采纳计算这些职业当中从业人员数量的方法，同理，将对媒体与创意产业的分析限定在研究其在整个经济蛋糕中所占比例大小的做法也颇为不智。起到支撑作用的社会（而非物理）技术提供了普遍意义上知识增长的框架；媒体与创意性创新在其中扮演了关键角色。

但是，创意这一角色从一开始并不明确。“创意产业”这一概念不得不在实践中慢慢进化。此外，除了从时间的角度进行纵向进化以外，似乎也正在进行“横向”进化：创意产业横跨多个不同领域，例如艺术、媒体、信息系统等。不同的进化阶段在每个领域都产生了特征性的经济模型与政策应对（Cunningham，Banks & Potts，2008；Potts & Cunningham，2008；Hartley，2005）：

51

“创意经济”：创意产业中并存的概念与模式

创新形式	艺术，个体	媒体，产业	知识，市场 / 文化
文化模式（Williams）	剩　余	主　导	新　兴
经济模式	（1）消极	（2）中性	（3）积极 （4）新兴
政策应对	（1）福利	（2）竞争	（3）增长 （4）创新

“创意产业”的进化与生物的进化不同，但与文化的进化相似

（Lotman 1990），早期的存在形式并没有消失灭绝，后继形式对它们进行了补充，但并没有取而代之。两者共存，可以进行动态排序，依据瑞蒙德·威廉姆斯（Raymond Williams，1973）为文化本身提出的路线：既是“平常的路线”（大众文化而非“高端文化”），又是“整个生活方式”（一种体系，而非一种价值）。他提出的动态图式是：剩余文化、主导文化、新兴文化。因此：

- **作为艺术的创意产业**——产生的是一种“消极”的经济模式。创意被视为是一个市场失灵的领域。艺术需要来自其他经济部门的补助，相应的政策应对是一种“福利”模式，与之对应的是一种“剩余性”的文化动态。

- **作为媒体产业的创意产业**——产生的是一种“中性”的经济模式。媒体与产业除了需要“竞争”政策之外不再需要特别的政策关注。与之相对应的是“主导性”的文化。
- **作为知识的创意产业**（市场与文化）——产生的是一种“积极”的或者说是“新兴”的经济模式。这里，创意产业的确是一个特例，因为创意产业可以被认为是（文化）社交网络与（经济）企业之间模糊边界上进化增长的核心，市场起到了关键作用，协调着作为知识之创意的接纳与保留。它们需要“增长”与“创新”政策。与之相对应的是“新兴”文化。（Potts & Cunningham，2008）

创意经济的“积极”模式（3）或“新兴”模式（4）直到最近才被明确并加以理论化，并且目前尚未经过数据测试的合理“碾压”。因此，“增长”与“创新”政策应对本身，仍然是研究创意产业在一个以增长、活力、变革以及全球范围内技术发达的网络为特征的社会整体中地位与重要性的新兴方法。但是，如果这一研究方法处于正确的轨道上的话，就可以证明“产业”这一术语本身必然成为迅速过时的范式，与之相联系的是一种确定的经济模式与确定的政策应对，而这两者都不适合当前的状况。

因此，与“产业”相比，一个更为适合的术语是“市场”（market），市场中的各个主体都拥有选择的自由或者行为的灵活性，能够达成一项交易，交换某一事物（金钱、注意力、连接、创意），实现互惠互利。

“创意产业”可以追溯到启蒙运动时期（Hartley，2005：第一章），经历了漫长的酝酿之后，在20世纪90年代闪耀登场。此后，创意产业迅速发展壮大，迄今经历了三个不同的阶段。每一个阶段都表明每种不同的文化/经济形式如何以一种不同的方式增加价值，体系中的变革动因与动力都有不同的概念化过程。创意产业的概念伴随着实践的变化而不断演化，因此模式的完善一直在不断的实践中加以理论化：它既是经验的产物，又是学习反馈作用结出的成果。

“创意产业”：各个连续阶段（可能同时共存）

阶　段	形式（参见前表）	附加价值	创新/变革动因
启蒙运动/现代主义	艺术/理性	个体才华	市民人本主义
工业化	媒　体	产业范围	文化产业
创意产业第1阶段（1995–2005）	产　业	智力财产（IP）产出	创意集群
创意产业第2阶段（现在）	市　场	创意投入	服　务
创意产业第3阶段（新兴）	知识/文化	人力资本（劳动大军/用户）	公民—消费者

54 产业，产出，集群

最初描绘创意产业蓝图的是英国政府的文化、媒体与体育部（DCMS）。在第一阶段中，人们关注的焦点是“产业”这一术语本身，其指代的对象是企业，它们的产出被认为是具有创意的：

> 创意产业指的是那些依托个体创意、技能与才华的产业，也指那些具备潜力通过开发智力财产从而创造财富与就业机会的产业。创意产业包括：广告业、影视业、建筑业、音乐、艺术与古董市场、表演艺术、计算机与视频游戏、出版业、手工业、软件、设计、电视与广播以及时尚设计。[8]

创意产业究竟应该囊括哪些行业？对于这一问题的回答一直以来都是众说纷纭。原因也是多种多样，包括规模问题（同一类别中既有全球性的公司也有个体经营者）、一致性问题（不同的创意产业部门中“产品”的一致性是什么）、范围问题（对于创意产业应该包括什么排除什么，可能存在缺乏客观性的论断）、经济影响（创意分散在各个经济部门、地区与职业之中）以及忽视消费者、用户与非市场主体之积极作用的倾向问题。然而，政策制定者们并没有从思想观念上解决这些问题，而是毫不犹豫地选择了迈克尔·波特（Michael Porter）的集群理论，旨在确定“文化区域”（Roodhouse，2006；请参见 Oakley & Knell，2007），主要选择在去工业化（de-industrialising）的城市中进行，因为这些城市当时正在经历重新开发的进程，从生产制造中心转变为消费中心（旅游、零售、行政与休闲）。

55 也有人认为，创意产业的增长速度快于其他行业，为那些与数字技术相关的行业注入了新的活力。2001 年英国创意产业的产值估计为1125亿英镑。抛开创意产业的界定不谈，据说在英国（2006）创意产业的产值约占经济总量的10%[9]，在美国约占国内生产总值（GDP）的8%[10]。在英国，创意产业为其出口收入的贡献超过了4个百分点，提供了200多万个就业岗位。世界范围内，创意产业的市场价值超过3.04万亿美元（2005年）。[11]到2020年，我们得到的预测数据是该行业的价值将达到6.1万亿美元。[12]

市场，投入，服务

在第二阶段中，人们关注的对象从创意输出扩展到整个经济，目的是明确创意投入在多大程度上会给原本不被认为是创意企业的企业增加价值，尤其是在服务部门，例如政府、医疗、教育、旅游、金融服务，等等。创新学科，如设计、表演、生产与写作，能够为这些机构增加价值。但是，对增加的价值进行隔离、量化则相当困难，原因与产业经济数据的采集与组织整理的方法毫无关系。最近的估计数据表明创意产业中约有三分之一的从业人员“嵌入”在其他经济部门之中。[13]（Higgs et al.，2008）

知识—文化，人力资本，公民—消费者

第三阶段中，数字媒体延伸到大众文化。所谓的用户自创内容（OECD，2007）的崛起，引起了广泛关注：创新、变革与增长不仅仅只归功于企业，还要归功于社交网络中的消费者、归功于非市场行为或者称为彻底脱离传统经济门类的“活动领域”。这一阶段对封闭的、以专业知识为主的产业体系发起挑战，转而支持“复杂、开放的网络”的成长，因为在这些网络中，富有创意的智力财产能够得以分享，而非受到控制。

56

创意产业：试验毁灭？

英国文化媒体与体育部（DCMS）作为首倡者的优势在于其“集群”定义吸引了全球政策制定者的注意力（这一过程在美国较为缓慢）。早期采纳该定义的包括亚太的很多国家和地区，如中国香港、中国台湾、新加坡、澳大利亚、新西兰，以及很多城市政府，如中国的上海与北京。它们因地制宜，根据当地的现实情况对英国文化媒体与体育部的模式加以变通，其中最佳的例子便是许焯权（Desmond Hui）关于香港的报告（CCPR 2003）。

在自身概念尚未健全的情况下便已经赢得了所有人关注的情况下，“集群”模式需要进行改进。英国国家科技艺术基金会（NESTA）进行了不懈努力，摒弃了英国文化媒体与体育部最初给出的定义，重新起用产业这一比喻：创意产业是“众多产业部门的组合，而不是依靠个人才华展开的一系列创意活动”（NESTA 2006）。

57

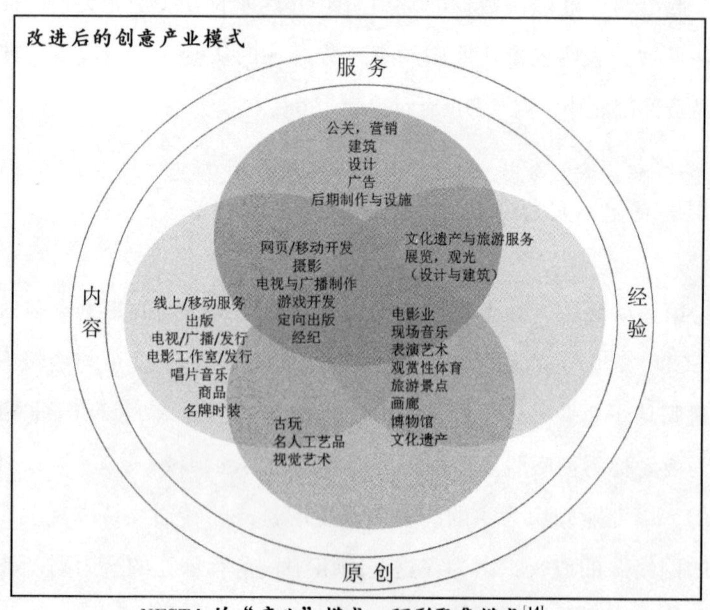

NESTA的“产业”模式：环形聚集模式[14]

英国国家科技艺术基金会的模式依据企业典型的活动与组织形式将各个创意产业进行“集聚”，但并未将这些集群与具体的地理位置如伦敦等同起来，地理集群与功能集群之间存在重合部分。

尽管英国国家科技艺术基金会的模式通过添加“服务提供商”将第一阶段和第二阶段结合起来，但是“产业”一词的局限性却越发明显。创意产业依然牢固地归属在支配性的或者“中性”的经济模式中，“竞争”政策是唯一的依赖对象。[15] 除了对全球的城市具有重要意义以外，很难为创意产业争取任何不同寻常的地位。依据这一定义，创意产业依旧是各个企业内部之间的一个神秘地带，它们之间的联合也不过是在互不对应但存在重合部分的各种活动周围勾画一个巨大的圆圈而已：

58

- 媒体**内容**
- **“体验”**（你可以置身其中的内容，例如音乐会、美术馆、公园，等等）
- **“原创”**（无法扩大规模的艺术作品与手工艺品）
- 创意**服务**（给予其他企业的投入；或者是用以出租的设施）

这样的理念难以扩展至整个经济当中。但是，将“创意产业”上升到“创意经济”的政治压力已经显而易见。英国文化部长泰莎·乔威尔（Tessa Jowell）在2005年宣布：

> 每一个产业都必须努力成为一个创意产业，最广泛意义上的创意产业……人们接触创意内容的方法途径不断增加，令人振奋不已，这清楚地表明企业正在迎合消费者的需求与预期。但是，这些并不仅仅是各创意产业面临的问题，而且是所有与我们知识经济的未来有利害关系的人都要面对的问题。[16]

戈登·布朗首相上台执政之后，英国依然延续了这样的政策，从他们自己的话中便可见一斑：

> 人们愈加认识到创意核心的活力与广义的创意产业以及整个经济中的创意之间的关系是微妙而重要的——尽管目前由于缺乏证据与数据而难以确切地揭示它们之间的明确界限。[17]

59 供给与需求

由于出自同一政策制定环境，静态的经济模式、关于艺术“剩余”的定义、英国文化媒体与体育部以及英国国家科技艺术基金会的模式从提供商这个角度而言，对经济与艺术创意所进行的构想也是如出一辙——即便它们从第一阶段（集群）演化到第二阶段（服务），即便它们承认“寻求体验的、所谓的‘顶级’消费者的演

工作基金会的“经济”模式：“表达性产出”（expressive outputs）[18]

化……以及与消费者的联合创作”（Hutton，2007：96）。尽管如此，在该模式的内部仍然没有消费者的一席之地。

60

“产业”依旧指的是企业、机构、艺术家等所代表的供给方，并未关注消费者、用户以及富有创意的个人，他们只是被当作供应链上游人士或者靠近“核心”的人士所做决策的作用对象，自己本身缺乏能动性。这一提供商思维定势得到了艺术“剩余”模式的支持（例如大卫·索罗斯比 [David Throsby] 在他的文化经济学中的运用；参见 Hutton，2007：96，109；Throsby，2001）。请看下面的提供商模式。

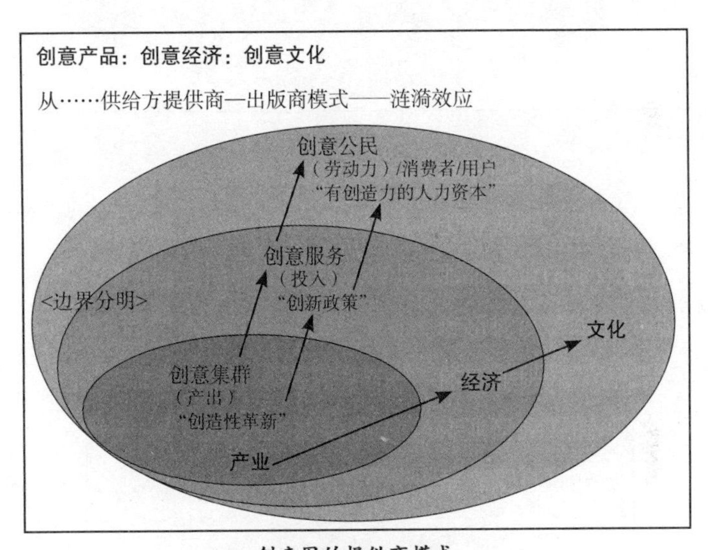

创意因的提供商模式

现在可以在经济演化模式里面提出一个创意需求模式，从整个人口群体的知识增长的角度而非单纯从产业或艺术专业人士的知识增长角度来看待创意文化。消费者、用户以及公民不再是因果关系中的客体对象，而是转变为其主体，作为主体发挥引航作用，而不在作为被动的作用对象而受制于人。请看下面的需求模式。

61

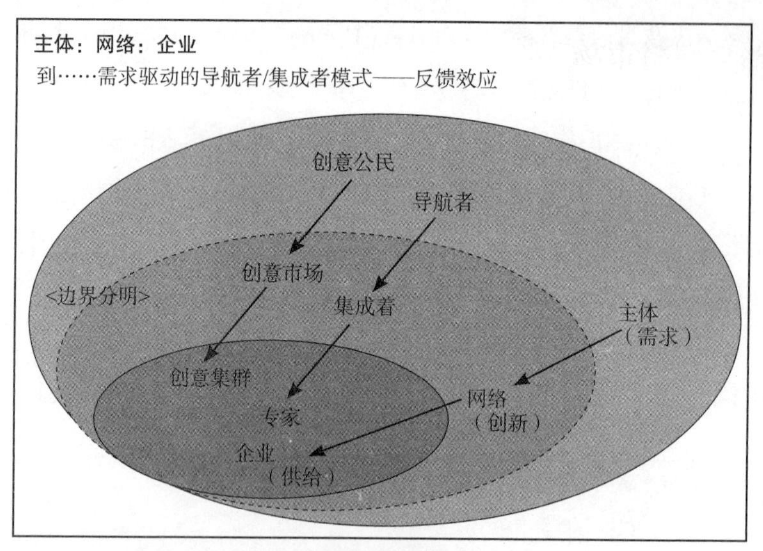

创意因的需求模式

这一模式面向的是未来，而不是过去；这是一个创新的“新兴”模式。其中，创意可以看作是“人力资本”的一个组成部分。当然，提供商模式与需求模式仅仅具备探索价值；在现实中，图标中的箭头总是双向的；请看下面的互动模式。

62

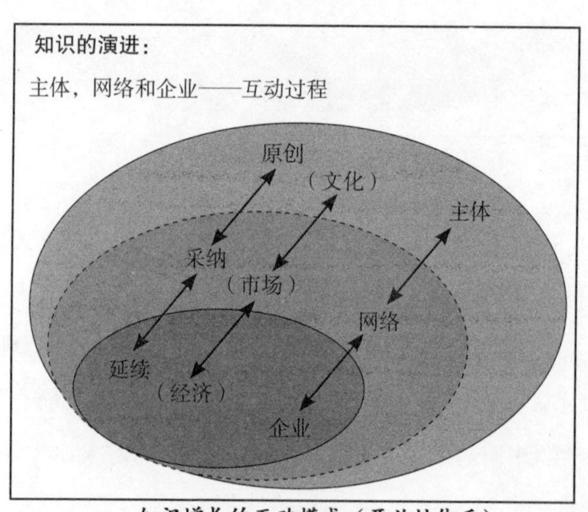

知识增长的互动模式（开放性体系）

社交网络市场

从这一角度看来，创意产业的演变的确可以让我们获得概念层面上的重大进展，依托演化经济学，并且认真对待变革与创新之间的动态、复杂体系中出现的秩序、运用博弈理论与复杂性理论解释经济文化行为的可能性。（参见 Dopfer & Potts，2007；Beinhocker，2006）在这样一个环境中，研究的对象是要理解知识的产生、采纳与保留，而不仅仅是评价企业的活动行为。的确，集中关注“产业”一直以来都是问题的一个部分。与“产业”相比，更为合适的一个术语是“市场”，尤其是“社交网络市场”（Potts et al. 2008）。一方面，其将因果序列从供给驱动的动态转移到需求驱动的动态。由富有创意的公民—导航者组成的需求拉动的模式要求对人们熟悉的文化生产“价值链”方式进行重组，“价值链”方式通常遵守一种单向的申农式的因果逻辑，如下：

63

1. **生产者**（创造）与生产（量产）
2. **商品**（例如文本、智力财产）与传播（借助媒体）
3. **消费者**或者观众。

相反，目前真正需要的是：

1. **主体**（原创），可能是个人也可能是企业，特点是选择、决策与学习
2. **网络**（采纳），既包括真实的（社会网络）也包括虚拟的（数字网络）
3. **企业**（延续）基于市场的组织与协调机构。（Potts et al.，2008）

目前需要的不是线性的因果作用关系，而是主体、网络以及企业之间的一种动态的、富有创意的相互关系，各方都参与到价值

（既包括象征性的价值也包括经济价值）创造的过程中。这是一个复杂而开放的体系，其中各方都是一个积极的主体，而不是由“产业”控制的封闭性专家价值链。个体产生创意，网络采纳创意，企业保留创意。

这就是创新型企业作为社交网络市场的概念，其特性在于个人的选择是由网络内部其他成员的选择决定的。这一概念并不难理解，本质上而言，其实就是理查德·兰厄姆（Richard Lanham）的“注意力经济学”。在你决定是否去看一场电影，或者到某家餐厅去就餐，或者尝试任何其他的新鲜事物之前，不论你是在阅读一篇评论还是在关注别人的口碑点评，社交网络市场都在发挥其作用。当你将流行时尚置于内在价值之上的时候，社交网络市场才能运作起来。社交网络市场很好地诠释了名人文化（celebrity culture）；品位与身份的形成取决于他人的选择。当然，这也构成了互联网上的“集成者”社交网络企业，如脸书（Facebook），聚友网（MySpace），甚至 YouTube 与 亚马逊网站（Amazon），所有这些企业的运作都是依赖个体选择的网络化。

社交网络是处理人口与系统宏观层面上的变数、风险与新鲜事物的一种极具价值的适应机制（adaptive mechanism），即便社交网络的驱动力量是微观层面的个人选择。尤其是通过利用 Web 2.0 应用程序以及创意丰富的表现方式，社交网络占据了成熟市场（经济）与非市场动态（文化）之间的边界地带，并且可以从两个方面发挥作用：个体消费者根据网络内部他人的选择决定做什么、穿什么、看什么，甚至自己的存在方式，企业也会根据他人的选择来决定自己投资的领域（因此产生后续产业）。并且“主体”与“企业”都不对生产者与消费者进行区分，这在用户自创内容、消费者引导下的创新与自制媒体的这一迅速增长的领域内具有至关重要的意义。人们可以出于兴趣而创立企业。曾经你只是一个粉丝（fan），接下来你就该给粉丝签名了。

创造性破坏

从国际的角度而言，创意产业本质上来说是一个欧洲（国家公共政策；文化）理念，与美国理念（全球自由贸易；知识产权）发生了碰撞。在这一过程之中，消费者的“产业”概念由于网络用户的概念而变得更加复杂。如今，计算能力与个人消费者都可以被理论化地称为动因与变革的主体，人们的“非商业”行为——他们的文化、知识、选择以及他们在经济之外的社交网络——需要加以考量，因为这意味着在经济与知识的进化发展过程中的增长、创新与动力都来源于此。因而这里有一种途径可以收集利用体系内所有主体的创新能量，并且有一种机制——社交网络市场——在全球范围内来协调他们在创新方面以及沟通方面的选择与活动。经济合作与发展组织（OECD）已经就这一过程中消费者所引发的破坏性重建（disruptive renewal）或者“创造性破坏”（creative destruction）的程度进行了报告：

> 用户自创内容，虽然源自非商业性环境之中，但已经成为一种重要的经济现象。用户自创内容的蔓延以及用户对其给予的关注程度，对于内容的创造方式与消费方式以及传统的内容供应商而言，都是一股巨大的破坏力量。这种破坏给知名的市场参与者以及其市场战略带来的既有契机，又有挑战。（OECD 2007：5）

事实上，消费者不仅仅是传统知名产业提供的产品与服务的“需求”来源，他们还对这些产业的根本商业模式提出了挑战：

> 新式的数字内容创新似乎更加依赖分散式的创意、有建构的创新与新型的增值模式，倾向于新进入者，而较少地依赖传统的规模优势以及巨额的创业投资。（OECD 2007）

经济合作与发展组织列举了用户自创内容的如下社会经济“影响”：

- 信息生产的经济学发生变化
- 媒体制作的大众化
- 用户自治、参与程度增加、多样性增加
- 合作、分享信息、创意、观点以及知识
- 文化内容更加多元化
- 观点多样性、信息自由流动、表达自由
- 挑战——融合、文化分裂、内容质量、安全与隐私；数字鸿沟、文化分裂、文化环境的个性化。（OECD：6）

用户自创内容与新兴的社交网络市场对政策的影响目前尚未得到充分的探讨，但也不应该低估。许多领域的决策都将受到影响，甚至包括知识产权法律这一令人苦恼的问题，因为社交网络市场模式与产业模式相比而言对“盗版”以及智力财产分享更加宽容。事实上，像中国这样的国家由于没有一个倾向提供商的知识产权体系，很可能会处于一个更有利的竞争地位。这样的国家可以继续肆无忌惮地借鉴、改造任何来源的创意，与西方世界开始工业化进程时新兴的产业化经济如出一辙。然而，随着大型的创意企业纷纷涌入中国，即便小型的经营者可以继续从“躲躲闪闪”的监管模式中受益，要求进行知识产权改革的压力也会不断增加。一种折中的方式可以是劳伦斯·莱西格（Lawrence Lessig）发起的“知识共享”（Creative Commons）运动，该运动旨在寻求分享智力财产方法并且寻求智力财产货币化的途径。（参见 Leiboff 2007）除了法律框架以外，用户自创内容/社交网络市场模式同时也会影响到科技政策、产业政策、就业政策与教育政策。毫无疑问，税收政策也会受到影响，但对于笔者而言，研究该领域就力不从心了。 67

知识增长：媒体产业研究的未来？

展望未来，有一个问题值得思考，即最近创意数字识字作为新兴社交网络市场的一部分得到广泛传播，这是否能够促成知识增长中进一步演化的步伐变化。“普通人”（以前被称为观众——被动而缺乏经济价值）[19]需要能够以主体与企业的身份接触社交网络市场，分享自己的专长并开发新型的网络化专长（“集体智慧”），因而他们同专业人士一道共同为知识的增长作出贡献。这种能力需要经过全民范围内的教育（正规教育以及非正规教育）进行传播，在经济建模中也需要加以考量。这也要求不能将消费者自创内容单纯地当作是自我表达与沟通（休闲娱乐）。数字读写能力能够产生“客观”描述与论证的新形式（Popper 1975）、新式的新闻学以及新的想象力作品，个人消费者是网络中的主体，而不是广告商“皮下注射式”沟通末端被刺穿的试验品。网络中个人的与集体的能动性能够产生人类知识，而不仅仅是企业的营业收入。

当然，这一切现在正在发生，但是尚未较好地融入到媒介沟通模式或者创意产业的政策环境中去，目前关注的重点仍然是“产业”与“艺术”（分别关注），而不是融合的知识。消费者引领的创新并非要制造意识形态的对峙，而应该理解为是一个复杂而开放体系内的新兴知识，即便是商业化的体验式自我表达——例如在电脑游戏中——乍看之下与我们所理解的知识（即从基于印刷业的、现代的视角来看的知识）背道而驰。如果度过了其青春期“快来看我”这 68 一吸引别人注意的阶段，数字读写能力不仅可以协助自我表达与沟通，而且可以协助开放式的创新网络中知识的开发。消费者自创内容代表了一种绝佳的方法，可以吸引新的参与者进入这一适应性网络，并且可以帮助提高人们总体的数字读写能力以及人们的专长水平。消费者自创内容或许正在印刷读写能力的早期为下一个世纪塑造公共教育的角色（如果不是在塑造公共教育的方法的话）。

社交网络市场与用户自创内容的发展本身不应该被看作是一种目的，个人的知识也不是现有专业精英以外的人们所需要的所有知识。强化大众文化与专家文化之间的壁垒并非进步："科学"代表生产商，"自我"代表消费者；或更为糟糕的是，"事实"代表专家，史蒂芬·科尔伯（Stephen Colbert）的"臆断事实"[20]（truthiness）代表观众。分化两种文化的后果已经成为当今社会面临的危机的一个组成部分。人们感觉自己被隔离在专家体系的外面，既包括科学领域也包括娱乐领域，人们比以往任何时候都更加质疑"客观知识"，不论其是以科学的形式还是以新闻的形式呈现出来。科学研究的言论与产物往往在公众舆论的法庭上遭到摒弃或者拖延——转基因食品、核能、大规模杀伤性武器、气候变化、生物科学——即便是现代致力于建立理性与开放型社会的努力也从内部受到了宗教 **69** （包括"新时代"唯灵论［'new-age' spiritualism］）复苏、"自我"文化（the'me'-culture）以及道德化的恐惧政治（a moralising politics of fear）的破坏。

目前需要的不是进一步分化"科学"（描述与论证）与大众文化（自我表达与沟通），而是要努力将两者结合起来。只要在全民范围内推广数字读写能力，创意社交网络与社交网络市场便可以做到这一点。从播放到互动媒体的转变已经开始让自我表达的发布走上了大众化的道路。这已经使得符号沟通与政治沟通中的"代表"结构变得更为复杂，理由是人们现在可以通过自制媒体来"代表"自己。人们已经不再满足于迁延到职业代表人那里了，人们需要的是直接的声音、行动以及创意丰富的表达——并且，人们日益希望获取知识。创意产业恰恰是新兴知识的生发引擎。

如果印刷读写能力的历史尚可依赖的话，普及数字读写能力将释放出当前无法想象的众多创新；这些创新最终会如同包括科学、小说，以及新闻学在内的印刷实体的产品那样声名显赫。在描述创意创新的时候应当包含整个体系内新兴的增长方式。这些方式目前包括而非排除普通大众，大众中的许多成员已经加入到了科学生活之中，直接为知识的演进作出贡献。下面列举几个这方面的例子，例如，维基百科（以及各种变体），网页上的“口述”历史包括采用数字故事讲述（digital storytelling）以及 Flickr 上的照片存档、Google Sky（谷歌天际，从你的家中眺望宇宙）、SETI（寻找外星智慧）、以解决问题为主体的电脑游戏，以及 YouTube 上的科学对抗上帝造人说的批评探讨，等等。[21]“长长的尾巴”意味着这样的例子不胜枚举；“批评”媒体产业研究中很少严肃对待这些例子并将其作为普及化的数字媒体与全民范围的社交网络市场的一部分。

70

创意产业演变的下一个阶段是要让这一概念回归到其最初的发源地——在人民大众中随处可见可得的“创意勤勉”，但这一次是加以协调、形成规模，并且运用科技加以强化，以便社交网络可以聚集体系内部所有主体的创意想象力；其本身既可以用于自我表达，也可以促进知识增长。因此，产业政策应该指向普及数字读写能力以及鼓励参与，而并非仅仅是狭隘地关注服务于产业政策的公司、企业。倘若“人力资本”是创意经济中最为重要的资源，那么教育理应成为政策组合中一个重要的组成部分。但是，借鉴娱乐媒体的方式，教育也必须是“需求引导式”的，既要有正规的学校教育，也需要通过娱乐、媒体以及消费（使用）等方式加以组织。希望享受社交网络内部创意内容的欲望是学习发生的机制。正是个人的欲望、白日梦、恶作剧与游戏赋予了这些社交网络生命。亿万青少年的自我沉溺——扩展到所有人群——形成了新知识生成的促成基础。因此，媒体产业的未来这一话题的最后一个问题就浮现在我们面前：创意产业、社交网络市场、主导式娱乐以及全民数字读写能力结合在一起会取得什么样的成就呢？让我们一同来探寻答案。

第三章

诗人电视

从“吟咏诗人”到“歌诗大会”

> “要有伟大的诗人，必须要有伟大的听众。”
>
> ——沃尔特·惠特曼（Walt Whitman）

要有伟大的诗人……

71

阿尔弗雷德·哈贝奇（Alfred Harbage），这位研究莎士比亚作品中观众的先锋历史学家，遵循着美国伟大民主诗人沃尔特·惠特曼的名言：“要有伟大的诗人，必须要有伟大的听众。”（1883/1995：324）哈贝奇写道：

> 莎士比亚和他的观众发现了彼此、惺惺相惜，从某种意义上来讲，他们造就了彼此。莎士比亚是一位优秀的作家，他为优秀的观众进行创作……莎士比亚的伟大发现是：优秀品质是纵向扩展贯穿整个社会阶梯的，而不是在上层社会、经济与学术层面上横向扩展的。

笔者一向对“莎士比亚的伟大发现”颇感兴趣，它从《阅读电视》(*Reading Television,* Fiske & Hartley，2003 [1978]）以来一直激励着笔者从事电视方面的研究与写作。在《阅读电视》一书中，作 72 者创造了“吟咏诗人的角色”(bardic function）一词来描述电视与观众之间积极活跃的关系；该书认为，在这种关系之中，电视节目制作与讲话方式运用共有的叙述与语言资源来处理社会变革与冲突，将决策者的世界（新闻)、中心意义系统（娱乐）与观众（“纵向扩展贯穿整个社会阶梯”）聚集到一起来理解人们所经历的现代社会。本章重新审视“吟咏诗人”这一概念，目的是要在较长一段时间大众叙述（参见第四章）的历史背景下寻找自制媒体与个人发布的媒体，包括诸如数字故事讲述（参见第五章）在内的基于社区的活动以及诸如 Youtube 的商业企业。这样一种努力的内在挑战是要理解电视与媒体的文化功能是否以及如何受到最新科技促成的变革的影响。这方面最重要的便是在社会内部（以及全球范围内）制作的分散情况。电视能否在其从广播演化到宽带阶段（进一步演化到手机阶段）之后继续发挥“吟咏诗人的功能”？广播电视一直都是以家庭为基础的“只读式”媒体，高度资本化的专家专业制作者与外行的业余家庭消费者之间存在着明显的分界线。宽带（以及手机）“电视”是一种个性化的“读写式”媒体，自制音像“内容”可以在社交网络内部的所有主体间进行交换，网络中可能包括任意数量的节点，范围上可以是个人、家人朋友乃至全球市场。什么在延续？什么在变化？在此情况下，又会有怎样新的可能性？

73

周而复始!

指责大众媒体的行为道德沦丧、毫无品位、阿谀奉承、性别歧视、缺乏理智、声名狼藉的做法并不新鲜。对媒体名人在台下的滑稽古怪行为唏嘘不已的做法也是由来已久。这两种做法都存在于——并且早已形成俗套刻板的模式——欧洲故事讲述的早期阶段，大概在14世纪之前的某段时间，甚至可以回溯到6世纪的时候。这一时期内，英国首席御用诗人塔利辛（Taliesin）迅速成名，或者说在这一时期内被认为是塔利辛作品的诗词与世人见面。塔利辛“他本人”既有神奇色彩又是历史：一个6世纪英国北部雷吉德王国（Rheged）尤力恩国王（King Urien）宫廷的历史诗人（同时既是历史上真实存在过的，也是亚瑟王神话中的一个人物），同时也是一个颇富传奇色彩的塔利辛，在《塔利辛之书》（Guest，1849；Ford，1992）中与其名字相关的威尔士诗词比比皆是。

在其神奇的诗词才华锋芒初露之时，这位传奇的塔利辛写下了一系列诗词，抨击国王当时的四人诗团与二十位诗人。显而易见，凸显自我的伎俩之一便是对对手大加贬抑：

Cler o gam arfer a ymarferant

游吟诗人恶行多。

Cathlau aneddfol fydd eu moliant

尽唱道德沦丧歌。

Clod orwas ddiflas a ddatcanant

歌功颂德品味缺。

Celwydd bob amser a ymarferant

弄虚作假时时刻……

Morwynion gwinion mair a lygrant

74

良家妇女受其辱。

A goelio iddynt a gwilyddiant

信任其人为其负，

A gwyrion ddynion a ddyfalant

谦谦君子遭揶揄，

A hoes ai amser yn ofer y treuliant

名利虚荣四季度……

Pob parabl dibwyll a grybwyllant

所述之事皆虚无。

Pob pechod marwol a ganmolant

世间罪恶反得誉。

（塔利辛，*Fustl y Beirdd*［诗人之枷（Flail of the Bards）]: Nash，1858：177–9）[1]

如果将“游吟诗人”（minstrels）替换为“电视与流行文化”，从文化功能的角度没有理由不作这样的替换，那么上面所述种种罪恶、道德沦丧、毫无品味、谎言欺诈、剥削妇女、背信弃义、羞辱无辜、浪费时间、虚妄愚蠢等会让你有一种出乎意料的似曾相识之感。这恰恰就是人们对“小报”媒体、流行娱乐形式与媒体名人的评论。（参见 Lumby，1999；Turner，2005）塔利辛的名字，在这些诗句谱写之时该名字本身已经成为一个流行的“品牌”或者“渠道”[2]，被用以批评其他诗人，“以便他们没人敢于再说一句话”（Guest，1849），而这对于诗人而言无异于宣判死刑。显而易见，一个知识提供者的竞争体制早已在现代社会以前的口头文化中发展成熟，“媒体职业人士”百家争鸣，以赢取制度上的青睐与大众的赞誉。后来的塔利辛评论家们推测这篇抨击游吟诗人——前现代流行媒体的传播体系——的诗篇的作者很有可能是一个 13 世纪或 14 世纪的僧侣，盗用塔利辛的名头来解决当时的某一争议。僧侣（monks）与游吟诗人之间可谓水火不容。他们之间相互憎恶，不仅仅是因为两者之间存在宗教与世俗等世界观方面的差异，还因为中世纪也存在对抗的先例，这种对抗在当今时代的体现便是公共服务媒体与商业媒体之间的对抗、教育与娱乐之间的对抗、高级文化与流行文化之间的对抗、艺术才能与剥削利用之间的对抗、知识分子与演艺人士之间的对抗。前者的支持者们一直在呼吁对后者进行正式的官方监管，而这也并非新鲜事物：到10世纪的时候，在豪厄尔达国王（Hywel Dda）的法典中已经作出相关规定，奠定了延续至今的文化差异的基础。[3]

一般而言，备受鄙夷却又无处不在的中世纪“大众媒体”——以塔利辛以及他人名义收集的、由流浪的游吟诗人传播的传奇剧和叙事诗——类似于当前各杂志以及电视上的时事节目的风格。某一特定演出的总体结构并未遵从亚里士多德派的时间、地点、行为三要素，而是包含了连续的片段：新闻、幻想作品、歌谣、传奇剧、旅行、探索与道德等，所有一切都呈现在一个娱乐套装中，虽然大量借鉴其他供应商的做法，但是要确保观众能够了解谁是幕后的高尚赞助商（将之吹捧得无以复加），并且明白是哪一诗歌品牌——这里是塔利辛这个顶级“品牌”——正在给他们带来快乐：

> 从流浪诗人的口中记录下来……尤其是塔利辛所作的诗歌，多数情况下融合了当地事件、历史事件的典故、《马比诺吉昂》（*Mabinogion*）即威尔士的神话与传奇故事集中的故事、地理学与哲学中的只言片语、僧侣式的拉丁短语、道德与宗教情愫、谚语格言等等，所有这一切都混杂在绝妙的混乱之中，有些时候仅仅一支简短的民谣便能够包含上述所有元素。（Nash，1858：34–5）

76

塔利辛风格，欢迎来到电视界。

诗人电视："从男爵大厅到乡巴佬小木屋"

当时我们创造"吟咏诗人功能"这一术语的时候，菲斯科（Fiske）和笔者希望寻找到电视的文化层面而不是个体层面。我们当时并不认同占据主导地位的对待观众的方式，虽然这些方法来自心理学（媒体对于个体行为的影响）、社会学（电视的"使用与满足"）以及政治经济学（消费者作为公司战略的影响对象）。此类方法寻找的是从电视（原因）到观众（结果）的一种线性链条，例如"电视导致暴力"。我们从一个文化视角以及文学训练的角度来对待电视观众，这就意味着：

- 将电视与其观众视为一个整体**意义创作体系**的一部分，就像语言与其细化的形式与风格或称为"文学的"形式与风格，既包括口头上的形式与风格，也包括视觉上的形式与风格
- 不仅仅将文化视为美学的领域，同时也主要将其视为一个自我身份形成、权力与斗争的领域；**自己在权力背景中的表现**
- 依托具备读写能力的"阅读大众"，同时更加依托媒体观众，试图寻找一种途径将现代文化中制度化的**文化**、**语言**以及**音像**资源尤其是流行媒体与娱乐，与个人的才华、抱负、内心生活以及普通百姓的创造力结合起来。

77

在这一富有意义的框架内，一种"整体的生活方式"确立起来，为人所理解、接受并加以改变，将媒体消费解释为一种人类学上的意义创造活动（如理查德·霍加特、雷蒙德·威廉姆斯、克劳德·列维-施特劳斯、马歇尔·萨林斯、埃德蒙·利奇等人，参见Hawkes，1977）。通过将文化角度的方式与一种源于符号学的分析方式——关注整个意义创造体系如何在象征主义不同阶段（如索绪尔、罗兰·巴特、翁贝托·艾柯，尤里·洛特曼）产生新的意义——结合起来，我

们认为电视通过从警匪片到问答秀等专门表现形式的方式将社会领导层（顶层）的世界与普通大众（底层）的世界象征性地团结在一起，如同都铎王朝时期的宣传家威廉·莎士比亚所做的一样。约翰·弥尔顿（John Milton）将史诗的功能从荷马那里进行了升级，试图解释人类的境遇并试图为上帝对人类所做的一切进行辩解（《失乐园》[*Paradise Lost*]，1667：1.26）。同样，当代的媒体故事讲述，从诗歌升级到中篇戏剧以及真人秀电视节目，作用是揭示当前人类的处境并为“权力”对观众所做的一切进行“辩解”（即想象、解释并进行评价）。（Gibson，2007）依据我们的工作在文学、历史学和人类学上的先例，电视自己的口头音乐叙述模式，以及当时菲斯科与笔者正在威尔士工作的事实，我们将这一辩解过程称之为“吟咏诗人功能”。

具有政治价值的大众娱乐的先驱至少可以追溯到中世纪的诗人、传令官、游吟诗人以及民谣歌手，他们的工作便是“广播”上层权力人物的丰功伟绩、骁勇凶猛、慷慨大方以及历险事故。换言之，“诗人功能”保留了一些古代的特征，不仅仅是那些与人类普遍的创意才华相关的特征，还包括组织形式与宗旨：

> 诗人或者具有一定诗歌音乐天赋的人遍布英国，任何时代的任何国家都是如此。可以承认，在凯尔特部落中，或许以一种特殊的方式，运用诗句记载战士事迹以及酋长家世的能力备受推崇，这一行业也是颇为光荣的职业。（Nash，1858：24）

为什么这样一种职业会备受尊敬？其对于国家而言有何作用？对于那些直接接受其服务的人来说，凯尔特诗人作为其所服务的家族（当时家族取代了国家）的知识中介具有极为重要的作用。诗歌给家族带来新的信息和理念，并且同时向世人传播诗人雇主对名声的追求。当时的诗人是：

> ……家谱学家、传令官，并且在某种意义上还是他所依附家族的历史学家，维持着家族或者部落的战斗精神，记录着宿敌或盟友的情报，打发文盲时代里漫长的时间……从某种意义上而言，是一个有文化的人，或许充当了他所投靠的赞助人或者首领的家庭教师的角色。（Nash，1858：27）

79 对于社会其他部分而言，需要一个“大众媒体”来播报这些历险以及在中世纪的“注意力经济”中对胜利者的功勋进行宣传。（Lanham 2006）尽管饱受来自神职人员的贬抑，正如我们所看到的那样，这样一个媒体的确存在于游吟诗人的演艺之中：

> 除了这些人们普遍了解的家族诗人，在威尔士，从11、12世纪及其后的时间里，一个人数众多的巡回流动的游吟诗人阶级，如同行吟诗人（Toubadours）、法国中世纪吟游诗人（Jongleurs）以及行吟歌手（Gleemen）一样，他们四处流浪，利用他们的音乐才华娱乐他人，吟诵歌曲与故事来娱乐所有阶层的人，从男爵的大厅走到乡巴佬的小木屋，以此换取经济回报。（Nash，1858：27）

《阅读电视》（2003：64–6）列举了诗人与电视共同拥有的七大特征。两者都是：

1. 语言的**传递者**
2. 文化需求（而非纯粹的形式或者作者的意图）的表达
3. **以社会为中心**
4. **口语化的**（非文字的）

5. **积极的、动态的**（他们讲述故事的模式是要“**抓回**”（‘claw back’）反常的事件或外源性的事件，以便外部环境的一切都可以为人所理解或者说是在诗人文本化框架的范围内；他们所讲述的一切都能为普通观众所理解）
6. **虚构杜撰**
7. **常识**的来源与储存库以及理解与认识的**传统方式**。

“吟咏诗人功能”的作用是要将世界按照意义加以文本化，从而服务于某一特定语言群体。戈兰·索尼森（Göran Sonesson）对此进行了如下图解： 80

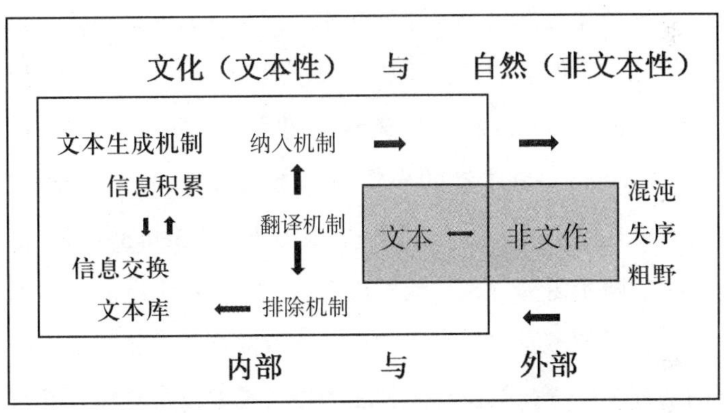

“塔尔图学派”（Tartu school）文化符号模型[4]

《阅读电视》（2003：66–7）中列举了电视在其诗人角色中发挥的功能：

- **明确**表达文化共识
- 将个人**纳入**到文化价值系统
- **颂扬**文化代表的行为举动
- **肯定**神话与意识形态在冲突环境中的实用效用（真实效用与象征效用）
- 从反面**揭示**自我在文化意义上的不足之处

81 • **说服**观众让其相信自己作为个体的地位与身份是有保证的

• **传播**一种文化归属的感觉。

通过这一类比——虽然笔者正努力说明这不仅仅是一个类比，它其实是文化资源与组织资源的一种漫长累积——流行电视的“诗人功能”作用是“称颂”其主导文化，如同凯尔特人的诗人和游吟诗人一样在口头文化中赞美、哀悼，甚至有些时候嘲笑他们的领主，分享所有阶层的趣闻与历险，“从男爵大厅到乡巴佬小木屋”。诗人和电视都以一种专业化的、某一特定语言群体中的所有人都能够接触到的表达方式将政治权力与文字乐趣联结起来，发挥着划分社会、自然界与超自然世界秩序的功能。虽然诗人讲述的故事都是关于王侯将相的，但却是服务于所有人，因为它们一直采用幻想作品的风格（fantasy genres）。一个绝佳的例子便是布莱恩·海尔格兰德（Brian Helgeland）2001 年的电影《圣战骑士》（*A Knight's Tale*），其中的人物乔叟（Chaucer，保罗·贝特尼 [Paul Bettany] 饰）富有想象力地再次赋予了“诗人功能”以新内涵，其所采纳的如果不是与历史完全接近的事实那么运用的也是诗歌的神韵。如同凯尔特时代英国的塔利辛一样，电视运用高级的叙述手法以及其独有的与观众之间的口头 / 听觉关系，从当代人的所作所为之中编写出永恒的主题故事，其中很多故事就是国王、野兽，以及中世纪主人公们在当代的翻版，当然外表披着令人信服的外衣，如侦探、娼妓、记者、名流、邻居或者外国人，等等。

82 叙述与政体——“人民的代表”

应注意的是诗人团与流行电视一样都是某一特定文化中用以发挥“诗人”功能的专业化制度机构。它们承担起这一功能并且在不断变化的历史背景、政治背景与经济背景中使之职业化。当然，在这个过程中它们常常会限制其潜力，将外行人（普通大众）排除在生产或者创作过程之外，尤其是维持它们技术的价格，并且将无限的潜力限制在有限的形式之内，因为它们自己制度化的“翻译机制”（参见第 20 页的图表）可以轻易地应对这些有限的形式。这些制度化的机构可以优化故事讲述的规模（一个故事可以复制多次）以及对传播（一个故事可以讲述给许多人听）进行优化；但是同时他们也增加了叙述制作过程中形式的僵化程度与机制的僵化程度（交易成本），进而降低了其适应变革的能力。

这样一种关于“诗人功能”的观点必须保留一种“自上而下”的方式来对待故事讲述，因为这种观点关注的是一种集中的“制度化”的制作形式，而不是日常生活中“人类学”层面的故事讲述。诗人式故事传说讲述的是精英的事迹，而雇佣诗人讲述这些故事的就是这些精英。这些故事传说由最接近权力中心的专业人士创作，但却是为了所有人都能够欣赏而创作的，并且意图令其在社会各个阶层传播、在全国乃至全世界传播，比如亚瑟王的故事在全球范围的传播。广播电视显然可以更加广泛地撒下符号之网，运用来自整个社会光谱*（乔叟的《坎特伯雷故事集》中创作的一个新词语）的人物来讲述日常生活的故事传说。但是，无论是在诗人时代还是在广播电视的背景下，“普通”人在这些故事传说的创作过程中从未发挥直接的作用。在电视的鼎盛时期，家庭电视观众的参与方式仅仅是聚集到一起欣赏专业诗人与游吟诗人演出的官方版本，但是不鼓励他们运用共同使用的形式与风格传统自己拿起比喻意义上的竖琴尝试一番。

创造“诗人功能”这一概念的具体目的是要解释大众媒体的故

* 意为社会各阶层。——译者注

事讲述模式，其中几个故事讲述者“歌唱”人们普遍能够接触到的、为社会所喜爱的人物的故事给众多听众欣赏，并借此塑造整个国家，有些时候还赋予整个国家以意义。正如卢埃林·韦恩·格里菲斯（Llewelyn Wyn Griffith）所指出的那样，与中世纪诗人颂歌中不朽的王侯将相时代相比，这样一种自上而下的视角的局限性在于“我们根本无法知晓普通人（更不要说妇孺）是如何看待它的”（Griffith, 1950：80）。他们的言语、他们生活的故事都没有以文本的形式保存下来，而在目前，文本是可以让我们了解其文化的唯一档案。同样，大众媒体也是如此，虽然大众媒体常常以喜剧、肥皂剧以及真人秀等形式将普通人的故事讲述给“普通人”、妇女和儿童，但是，因为规模的原因，大众媒体仅仅能够容纳普通人作出的表达的几个例子。

但是现在，任何有机会使用电脑的人不仅仅可以为自己“歌唱”，还可以自己将结果传播给所有人。从广播时代到互动时代的转变，从模拟技术到数字技术的转变，从专业制作到自己制作或者说“消费者自创”内容的转变——从“只读式”媒体到“读写式”媒体的转变，对于消费者与专业人士都一样——已经打开了“诗人功能”这一概念的大门，允许对其进行新的解释，同时也给它带来了新的挑战。新的解释必须包括这种广泛分布的制作能力，包含数不胜数的故事讲述者，而不仅仅是顶尖的诗人。

84

故事的创作与演绎应该在多大程度上深入到“普通的”日常生活？从类似前现代欧洲的口头文化的角度而言，这样一种解释不仅仅需要关注“宫廷”诗人，还需要关注“民间”曲目与故事，从艺术到人类学，从一个社会制度的生产到语言的生产，都要予以关注。对“诗人功能”进行新的解释需要更多地关注现在被称为是“业余的”、自己动手的（DIY）或者消费者自创的内容。而面临的挑战则是要理解这样一个分散的系统是如何运作从而将一致的意识贯穿到整个社会中、超越社会界限、传播到不同的人群中、传播到所有社会阶层中。换言之，一个完全分散的叙述体系如何保留整个体系的一致？如果所有人都在为自己讲话，那么谁会为所有人讲话呢？

这一问题类似于民主本身所面临的主要问题之一，民主总是受到分裂主义倾向的困扰（参见 Collier & Hoeffler，2002），一旦抛弃直接决策的方式转而采纳某种形式的代表制度，让民众象征性地而非真正地参与到国家的决策过程中去。民主如此，音乐剧形式的或者戏剧形式的故事讲述也是如此——面临的挑战是寻找一种途径思索、解释并促进大众参与，一方面不鼓励分裂、分离、移民与无政府混乱状态，另一方面也不鼓励令人难以理解、缺乏和谐、混乱纷争的多元主义，也不提倡专制集权的精英主义方式。这一挑战也可以采用否定的形式进行表述——如何才能不把“更多”与“更差”联系到一起，如何才能不把大众参与与牺牲质量联系到一起。

85

人们能否想象这样一种“诗人功能”：贯穿整个国家、跨越人口分布与社会阶层的边界使得沟通与意义能够保持一种开放的可能性，为“我们”的知识与想象提供领导但同时允许每个人独一无二的体验能够与共同的知识和流行娱乐联系起来（并且能够区分开来）？人们能否想象故事可以由任何人来讲述：表达形式民主化，与此同时保留专业创作的质量水准？

这样一种拓展的功能如同语言本身，而不是国家或者其他制度“提供者”的直接产物或者功能。语言能够将所有使用该种语言者所说的无法预测的、独特的所有话语都统一起来，并且保持语言系统的一致性，从而使得该语言使用群体内的任何接收者都能够听到、理解并且作出回应。虽然如此，语言也受制于制度化的组织、官方的规制与历史的演化；语言的形式与内容都发展得更为复杂。在中世纪的宫廷中，从制度上对语言与行为进行区分、对诗人与骑士进行区分、对空谈闲聊与高超技艺进行区分。每一种功能都分别进行组织，拥有其“秩序”，辅以自身的规章制度、规矩仪式以及专业学校。诗人是国王（或者国家）的仆佣，从这一位置上——如同媒体大亨一样——成功的诗人获得影响力、地位以及财富。然而，从某种意义上而言，特别是从长远来看，诗人比国王更加强大，因为86 诗人所创造的文化财富在过去、现在都是供不应求的——通过名声获得永生（immortality）。国王与骑士如果无人称颂则无人知晓，当然，他们会竭尽一切可能确保自己的行为事迹被知晓并为人所铭记（包括为这样的服务买单）。"骑士时代"（age of chivalry）是这一时代的记录者的产物，而不是行为事迹得以称颂的骑士的直接产物。从长远来看，塔利辛（以及其他人）说你有多勇敢或者多成功，你就有多勇敢或者多成功；关于你的一切存在的记忆取决于讲述你事迹的故事。这便是文学与纹章学（heraldry）的起源。诗人、游吟诗人以及传令官的工作职责相同：精确记录谁是谁，他们有何事迹得以让人敬仰，哪一家族或者宫廷应当加以礼赞（College of Arms，未注明出版日期）。

名声追随奉承——而不是相反。因为无人赞美，平民百姓也就无法知晓。大规模的"注意力经济"当时已经存在，包括一个竞争性的社交网络市场，其中每个人价值的决定因素是网络内部成员对他的了解以及关于他的评论。（Potts et al.，2008）这是对从古代以来就存在的实际行为实施的一种"虚拟化"与"文本化"。例如，亚加亚人（Achaeans）* 通过战斗中所获战利品的多少来直接测算荣誉。这被称作是"*geras*"。一场战斗结束之后，"战利品"（俘获的兵器、人、城镇，等等）由战胜的将军或者国王分配给胜利的战士；你所分配的份额越多，你受到的尊敬也越多。相反，少量的份额则等同于侮辱，因此由于战利品的"分配公平性"问题而可能引发进一87 步的冲突或叛乱（Balot，2001：87–8）。[5] 当然，我们之所以知道

* 古希腊人。——译者注

这些是因为一位诗人——此处即荷马——适时地记录下来，记载了 *geras* 这一体系以及分配给阿喀琉斯（Achilles）、艾杰克斯（Ajax）、赫克托尔（Hector）以及其他人的份额。这些英雄的不朽名声直至今时今日仍通过这些“荣誉”进行评价。

“思想的奥林匹克运动会”

对于人类而言，故事讲述本身就是一种语言能力的教育形式。它教育我们如何思考（情节）、思考什么（叙述）、选择道德领域（人物）以及风险测算（行为），动机便是对永生的渴望（对死亡的恐惧）。如果通过故事讲述进行学习真的如此重要的话，你可能希望对其加以制度化，使其隐性的（tacit）或者非正式的知识领域进入到专长显化的科学领域。即便故事讲述从某种程度上来说是一种进化适应，但这并不意味着天然的才华一定会自然而然地得到施展。就像个体中的任何自然倾向一样，要得以传播普及，需要社会协调，通过阶梯式的教育阶段拓展至整个人类群体，以实现更高层面的复杂性；“宣传之氧”（the oxygen of publicity）使之看上去值得一试。因此，即便人人都能讲故事，故事讲述也需要基础投入，只有这样才能满足增长型经济中日益精明的人们的需求。如果故事是教师，那么故事讲述该怎么教呢？是否存在这样的社会机构：专职向多数人传播这一技能而不是将其益处限制在少数人之中？

从历史的角度来看，这一问题的答案一部分是诗人形式。中世纪的威尔士和爱尔兰建立了吟咏诗人学校（bardic school），对诗人阶层加以体系化，并且教授今天进行分门别类的学科，例如法律、历史、地理、系谱学、语言、文学、音乐、理学（如自然历史、巫术）、宗教以及——事实上是通过——与诗篇相关的诸如形式、格律（头韵、韵脚、韵数）等严格的规则。[6] 这些学校并不是不正式，只

88

是它们采纳的是口头、白话的形式，这一点不同于教会学校（现代教育的始祖）的书面、拉丁语形式。诗人学校向社会输送了精于故事讲述，并且熟知当时时事、权力与名人的人才。

早期用于提高诗歌质量的社会机制之一便是“歌诗大会”（*eisteddfod*，字面含义为“坐”）。第一届歌诗大会（据说）于1176年在南威尔士德修巴斯公国（Deheubarth）亲王瑞斯·格拉法德（Rhys ap Gruffudd）的宫廷举行[7]，这一“盛大庆典”是一场公开的、国际性的竞赛，提前一年便已发出公告，旨在选拔最为优秀的诗人和游吟诗人。参赛者们聚集在瑞斯亲王的卡迪根城堡（Cardigan Castle），组织者对其礼遇有加，两名胜出者“奖品丰厚”。这种专业的歌诗大会定期举办，直至17世纪诗人阶层走向没落。艾欧罗·莫干王（Iolo Morgannwg，即爱德华·威廉姆斯，Edward Williams），

89

威尔士亲王造访卡迪根城堡。800多年前，另一位威尔士亲王在此举办了第一届歌诗大会。

图片由《缇维赛德广告》(*Tivyside Advertiser*) 及卡迪根城堡提供。

“一个才华失控的石匠”（Griffith，1950：143），于1791年在伦敦的樱草花山（Primrose Hill）重新举办了歌诗大会，以此作为表达热情的业余主义（amateurism）以及（大多为捏造的）好古主义（antiquarianism）的工具。

从1860年开始，国家歌诗大会每年夏季举办一次，时至今日，它已经成为威尔士主要的文化盛事之一。国家歌诗大会主要在威尔士举办，选拔并且展示诗歌、文学、音乐赛事（也包括其他活动，如科学与媒体方面的活动）的胜出者。歌诗大会作为一项年度假日盛事每年吸引着平均多达15万的游客，他们来自总人口数为300万的群体，其中五分之一的人使用威尔士语。（Stevens & Associates，2003：11–16）诗歌大会是民间艺术节（例如，英国的Glastonbury音乐节、澳大利亚的活福民族节、美国的国家艺术节）、学术大会[8]与流行偶像（*Pop Idol*）的复合体，数十年以来一直是语言与学习的国家级业余机构（a national but amateur institution）。

90

在写到“一个国家的思想奥林匹克运动会”的时候，卢埃林·韦恩·格里菲斯（1950）曾经问过这样一个问题：“你还能在什么地方看到一个民族会如此热情：特意抽出一周时间聚集到一个徒步漫游的音乐节，普通人、工薪层、各个阶层的男男女女，不分贫富？”（152）虽然他认为“世界上其他地方没有什么像歌诗大会一样”（136），事实上，世界上颇有几个与之相像的事物。狂欢节式的歌咏、诗歌竞赛在民间、城市、学校里屡见不鲜。其中有些竞赛借鉴并沿用了“歌诗大会”的名称，包括英帝国前领地如澳大利亚、南非中成熟的网络。[9]有些竞赛并不使用威尔士语中的“歌诗大会”，但是本质上还是歌诗大会，例如：

> ……数百人爬上安第斯山脉在秘鲁南部的瓦斯万图高原，在标志着当地狂欢节最高峰的年度歌咏比赛中庆祝、竞赛……

> 参赛团体整整一天奉献给围观的人群与评委新近创作的歌曲，通常采用狂欢的方式，曲目的风格迥异：艳丽的、嘲讽的、粗野的、反思的，不一而同。（Ritter，2007：177）

这些赛事保留了强烈的地方自治风格，它们并未被全球的媒体与权力所湮没；相反，它们试图重新解读全球的媒体与权力。上面所描述的安第斯山脉地区的赛事吸引了种族音乐学家乔纳森·立特（Jonathan Ritter）的注意力，因为“当天晚些时候，‘沃马库峰猎鹰’（Falcons of Mt Wamaqo）进入了标示表演区域的石制竞技场，并且献上了乐队最后一回合的参赛曲目，一首名为《奥萨马·本·拉登》的歌曲”。正如艾玛·鲍尔奇（Emma Baulch）在描写巴厘岛朋克（punk）音乐场景时所作的评论那样：“由于大众媒体在全球范围内的传播，人们现在集体地设想与其生活的社会现实不一样的存在。因此，电子媒体对想象力的影响不仅仅是起到一种逃避的功能，还能够作为行动的演出地（staging ground）。”（Baulch，2007：110–11）类似的歌诗大会分布在全球各地的竞争性表演狂欢节（无论其在当地的名称是什么）便归属于这一演出地的培训营。它们借用了当代媒体，并且使用了一千多年前的口头表达传统与专业技巧。它们用来服务于当代非精英人群，人们聚集在一场“业余艺术爱好者的盛宴”（Griffith，1950：147），在这场盛宴中自我组织起来传播并改进他们自己的语言。

91

业余爱好者的歌诗大会与专业的媒体仍然存在一种关系，因为在学校、社区中心以及山边的竞赛都被表演者、家长以及专业协会当作学徒培训地——可以说是一个让人们展示自己声音、话语以及音乐的“选美盛会”。其中走出来的不乏世界级的人才，一个例子便是歌剧明星布莱恩·特菲尔（Bryn Terfel）的生活与职业生涯，他从歌诗大会中脱颖而出，如今已经成为歌诗大会的制作人与主办人。[10] 当然，主流媒体或传统媒体也已经推出了自己高度加密版本的歌诗大会，假借的是“偶像”方式，然而归根结底，还是可以追溯到瑞斯格拉法德亲王举办的竞赛，即12世纪70年代的诗人偶像。

“雨后竹笋”——歌诗大会在全球范围的扩散

摇滚乐全国汇演（Rock Eisteddfod）这一混合形式首先在澳大利亚获得成功，后来发展到日本、新西兰、南非、德国、迪拜以及英国。这是一项全国性的学校竞赛，目的在于“激励澳大利亚的年轻人选择积极健康的生活方式”。[11] 其理念就是要在音乐、表演之中融合并传达一种健康的信息。最初是由一家广播电台来推动开展的，如今决赛已经由电视转播，获胜的学校队伍还可能进行海外巡演。“挑战”针对的目标群体是可能面临“虐待、歧视、犯罪、毒品、忽视或破坏行为”等风险的年轻人。2008年，摇滚乐汇演“全球挑战赛”在日本举行，表演要求运用日本传统故事进行当代改编。[12] 网站上给参赛者提供的建议中包括“创建一个主题”的演示，提供了如何寻找、调查以及改编一个故事的例子。这些日本故事与塔利辛名下的《马比诺吉昂》（*Mabinogion*）中的故事具有惊人的相似性——并且特别适合全球性的歌诗大会。

92

下面是日本摇滚乐挑战赛“创建一个主题”（Creating a Them）的一些摘要：

日本民间故事主题

- *mukashibanashi*——古代故事
- *ongaeshibanashi*——报恩类故事
- *tonchibanashi*——睿智类故事
- *waraibanashi*——风趣类故事

- *yokubaribanashi*——贪婪类故事
- *namidabanashi*——哀伤类故事
- *obakebanashi*——鬼怪类故事

故事例举：

- 金太郎：金色超人男孩的故事
- 报复的清姬：清姬最后变成一条龙的故事

93

- 桃太郎的故事
- 番町皿屋敷：阿菊与九盘的鬼魂故事
- 浦岛太郎：拯救一只海龟后周游海底的故事
- 四谷怪谈：阿岩的亡灵故事
- 一寸法师：一个身高一寸男孩的故事
- 噼啪山：一条凶恶的浣熊狗和一只英勇兔子的故事
- 分福茶釜：一只茶壶事实上是一只能够变形的狸的故事
- 花坂爷爷：能令花绽放的老人的故事
- 玉藻前：女狐妖的故事
- 切舌麻雀的故事

有一种可能可以将所有的古老故事改编到一起：

> 《竹取物语》（*Taketori monogatari*）写于10世纪，是现存最为古老的日本小说作品，常被称为“传奇小说之鼻祖”。关于小说背景的理论从未得到证实，例如其中五个起诉者的名字是8世纪日本法庭成员的名字。如今，《竹取物语》作为一个儿童故事流传，改编为《辉夜姬》（*Kaguya-hime*，月亮女神），类似于《美少女战士》、《灰姑娘》、《拇指姑娘》、《白雪公主》，甚至《火箭女孩》等动画片。

学生被告知改编这样一个故事的目的是要“承载一个信息”：

> 日本谚语“雨后春笋”的含义是在生活中，许多事情是一件发生之后另一件才发生，如同竹笋在雨后破土而出一样。如何处理、应对艰难的、貌似无法逾越的困境恰恰是考验我们能力的表现。这也成为了表演的“挑战”……即通过音乐、戏剧与舞蹈向观众传达一个信息：生活是……可以完成的任务（MISSION：POSSIBLE）。[13]

94

数字读写能力——从自制媒体到自制网络

数字故事讲述与其他数字产品相比较而言，其不同寻常之处在于数字故事讲述是通过教授（taught）实现的。数字故事讲述所具有的特征更多的是歌诗大会的特征而不是软件应用的特征。数字故事讲述强调“故事讲述”重于强调“数字”……事实上在互联网中难以找到。相反，数字故事讲述流行的社区中心、志愿者组织以及艺术活跃分子恰恰是那些热衷于改善原本没有受过辅导教育的大众的创意才能与表演才华，鼓励那些拥有出众才华的人进入该体系的专业阶层（文化的或者经济的），同时鼓励那些原本只能充当观众角色的人讲述他们自己的故事。简而言之，数字故事讲述的传播更像教授音乐而不是媒体营销。数字故事讲述是一种“实践”，不是一种“形式”；一个故事圈将故事讲述者与网络内其他主体联系起来。根据其他口头教授机制如歌诗大会的模式，数字故事讲述显示了整个机构网络以个人故事可以通过何种形式实现自制。

歌诗大会就是通过这一形式对“诗人功能”进行重新配置：口头的故事讲述诗人功能服务于某一文化，而其进化树上的后继者——网络的故事讲述诗人功能来自于某一文化。结果，“自我现实

95

化”（self-actualisation）现在可以是一种个人行为而不是一种代表行为——是我们所做的一件事，而不是我们观看的一件事。但是，即便是个人才华也需要发展，各种各样的语言机制，包括歌诗大会，已经发展起来去满足这一需求。即便人们在讲述自己的故事的时候，他们也不会作为个体给别人留下印象。相反，通过这些非正式的机制帮助整个体系协调并且复制其能力，个人给他人留下的印象是网络中互相联系的对话者，能够代表自己讲话，仅仅是因为他们身处在一个语境之中，能够与其他人进行对话，其他在现场的人也能够加入自己的声音。

现实情况如此，但还存在一个关于专业“诗人”的角色问题。最初的诗人是同一时代中语言能力的佼佼者：他们展现了口头诗歌文字体系的所有可能；他们是创新者、增长的源泉；简单而言，他们是所处时代中符号财富的创造者并因此而受到当权者的恩赐。从这一角度来看，将接力棒传递给业余的观众似乎是一种退步，代表着标准的降低，并且会威胁到收入（参见第五章）。每个个体应该讲述自己的故事，这一理念甚至可能会在“阅读大众”中鼓励“都来看我”的自我主义与妄自尊大。现在，从表面上看来，我们不需要努力去获得他人的注意、尊重或者荣誉或者由专家授予，不必像传令官、诗人那个时代那样，因为我们可以在Bebo等社交网站上随意进行自我表达。所有人都成了自己的荷马、自己的塔利辛，吹奏着自己的传令喇叭，采纳诗人风格，喋喋不休，自吹自擂。有些“专家”认为这样一种前景并不是表达的民主化或者是消费者的生产力，而是一种噩梦般的可怕景象。（Keen，2007）

96

然而，事情显然并非如此简单。要讲述自己的故事，人们必须要能够记录下曾经发生的事情以及自己的感受，还必须能够了解对话者对故事可能做何反应、故事中什么元素能够吸引听众的注意以及故事可以告诉听众一些他们并不知晓的事情。换言之，人们不仅要学习自我表达的基本技巧，还要学习有效沟通的技巧；不仅要讲述故事，还要满足听众希望得到信息、教育以及娱乐的要求（如英国广播公司BBC的佛咒节目那样）。在一个开放的系统之中，他们也会学习如何将自己想要表达的内容与网络中其他人真正所要表达的以及想要听到的内容联系起来。

通过这种方式，人们现在一方面能够在自我存在的“口头”浪漫主义与对话之间进行切换，另一方面还能够在抽象思维的“文字”现实主义与匿名传播之间切换。事实上，博客理论家吉尔·沃克·雷特博格（Jill Walker Rettberg，2008）认为恰恰是个人对话与公共传播的结合标志着博客作为超越口头与文字传播媒体的一种进步：“它们与数字技术到来之前的书面文字相比提供了更多的对话机会，与印刷业或广播相比提供了更为廉价与广泛的传播方式。”（56）除此之外，人人都可以参与，既能以个人身份又能以“公众”身份参与：“如今，新型的读写能力正在发展，人民大众正在获取新的技巧与能力阅读并且遨游于互联网，发布自己的文字、图片、视频、博客以及其他方面的内容。”（39）

97

通过提高这些读写能力，个人讲话与整个社交网络的水准会逐渐提高。因此，最为有趣的问题就变成数字媒体可以用来做什么。我们应该拭目以待，而不应该对给当前知名的专业人士带来一定竞争的新兴媒体横加指责，如同神秘的塔利辛对游荡的游吟诗人猛烈抨击指责一样。这是一种无益于教化的视角，起到的作用只能是掩盖当代“诗人功能”的真正潜力。相反，更为可取的做法是显示故事讲述的大规模扩张能够以怎样的方式扩大而不是取代专业故事讲述者和“普通”人两者的机会——消费者生产与专业专长都是需要的，只有这样才能充分利用系统内所有主体的能量。

在这样一种背景下，职业故事讲述者拥有选择权：

- **塔利辛功能**（“我是一个诗人而你不是”）。他们可以继续从事自己所专长的工作，并且继续对“业余者”嗤之以鼻，只要“自上而下”的业务规划允许他们这样做。

- **甘道夫**（Gandalf）**功能**（“我是一个诗人，事情是这样做的”）。他们可以像教育者们已经学会的那样从“舞台上的智者”的位置转换到“旁边的引导者”或者甚至是“中间的介入者”的位置（McWilliam，2007）。换言之，他们可以运用自己的技能来协助故事讲述系统的生产而不是去寻求主导该系统；帮助将他人直觉式的技能显化出来并且指向特定的目标，而不是盗用这些技能。

98

- **歌诗大会功能**（“我们都是诗人：我们一起摇起来！”）。这第三种选择正在发出召唤，它接过了歌诗大会的接力棒，提议业余者与专业者作为同一体系中的两种选择，而不是两种对立的范式，因而可以产生共同创作的合作方式，极大地扩展整个体系的能力。

随着时间的流逝，一切都会发生变化。根据以往知识增长阶段变化的教训，显然进化是盲目的，适应所带来的机遇是无法提前预知的，无论是对生拇指还是数字网络。毫无疑问，在书写术与印刷术发明之初，没人能够从发明者的目的中预见到它们的实际用途。古登堡（Gutenberg，德国活版印刷发明人）时代的印刷是基于农业机械并且服务于宗教客户的。印刷术最终获得的成功在当时根本无从知晓。如同许多创新型企业一样，古登堡自己的公司走向了破产，并被他的投资人以及助手收购。利用印刷术的并不是古登堡，而是富斯特与舍费尔（Fust & Schöffer）。古登堡本人从印刷术中并没有赚到一分钱。（Presser，1972：354）富斯特与舍费尔将古登堡的技术发明推向了市场；当然，今天极少有人知道他们二人，然而正是他们的成功使得印刷术作为进化史上一个成功的事物得以采纳与保留，而并未作为另一个实验性的“变异体”遭到抛弃。

即便在印刷术确立了自己的地位之后，也没有人曾经预见到印刷术与出版业对现代最伟大的现实主义文本体系——科学、新闻以及小说——的增长会产生如此重要的作用，因为这些事物在印刷术使得现代阅读大众的产生成为可能之前根本尚未存在。同样，在今天，谁又能够预见到互联网环境的文化功能、出版大众化的影响，以及符号生产在全民范围内的扩展？或许，创意专业人士可以将关注的中心转移到这里，将诗人功能看作是社会分布式的与进化式的，同时寻找途径使其在自我表达、社交网络与知识创造方面的潜力实现最大化。这样一个系统已经发明出来，它能够产生怎样的可能性呢？

99

这一问题的答案目前我们还无从知晓。这是一个新兴的系统。与此同时，或许目前做到这一点就足够了：关注个人要表达的内容，尤其是在社会对话中尽可能地增加历史上在显性知识（explicit knowledge）或者精致语言（elaborated language）领域几乎没有留下任何痕迹的“普通大众”的声音。这是自制自发表的在线媒体可以做到的。这些在线媒体显示出读写能力属于系统，而不属于个人；系统既需要单个主体（诗人）也需要组织机构（歌诗大会）；专业精神、创新、新意、创意以及知识原则上广泛分布在所有主体之中，他们能够自己选择途径到达自己的目的地，并在此过程中创造知识，不仅在权力的背景下，同时也在可能性的背景下“表演自我”。“要有伟大的诗人，必须要有伟大的听众”这句话适用于沃尔特·惠特曼的时代，同样适用于当今时代。现代社交网络创新体系中竞争性个人主义的“歌诗大会功能”便是培育伟大听众的绝佳的，但尚未得到正确评价的途径。

第四章

YouTube 的用途

数字读写能力与知识增长

"讲故事的人统治社会。"

——柏拉图

100 YIRN——YouTube 先驱

我发明了 YouTube。嗯，事实上不完全是 YouTube，而是类似的一个东西——一个叫作 YIRN 的东西；并且也不是我自己一个人创造的，而是和一个团队一起。从 2003 年到 2005 年，我做了一个研究项目，目的是要把分布在不同地理区域的年轻人连接起来，让他们可以张贴自己的照片、视频和音乐，并且从不同的视角对同一事物进行评价——同辈对同辈、作者对公众，或者主办方对观众。我们希望找到一种途径将与互联网相联系的个人创意生产力同便捷的、公开的、与广播联系起来的人们的想象力，尤其是听广播的年轻人的想象力结合在一起。所以我们称它为"青年互联网广播网络"（Youth Internet Radio Network），或简称为 YIRN。[1]

作为研究人员，我们希望了解年轻人作为新媒体内容的消费者和制作者，尤其是作为他们同龄人制作的材料的消费者是如何互动的。我们的兴趣点同时也包括非市场化的自我表达与商业化的创新内容（音乐一直以来都是最佳例证）之间的界面接口，我们希望追踪个人创意才华实现经济增长与就业所经历的进程，并且从总体上理解文化与创意如何成为创新与企业的育苗床。

101

为了探寻我们所研究问题的答案，我们认为可能需要建立一个合适的网站，以便年轻人能够“张贴他们的东西”，可以通过“人种分布行动调查”（ethnographic action research）的方式对其进行观察（Tacchi，Hearn & Ninan，2004），并且如果一切进展顺利，我们还可以为农村边远地区的技能开发与地区可持续性作出贡献。在此过程中，我们举办了培训工作坊培训年轻人在数字故事讲述等方面的技巧，成效显著，但是我们花费了两年的时间也未能建立起合适的网站界面。最终我们开发了一个名为 Sticky. net（“张贴你自己东西的地方”）的网站，但是等到我们完成了功能设计并且解决了技术、设计、安全与网络地址等问题的时候，项目已经结束了，孩子们也已经离开，网站使用人数更是门可罗雀。我们已经发明了 YouTube 的创意，但是未能在实践中以及时间安排上做好相应工作，或许是因为我们更加感兴趣的是研究问题而不是将消费者创意进行货币化。嗯，我们彼此之间是这么说的。当然，在时代思潮、年轻人以及技术恰好出现重合的时候能够生活在智力资源集中的加利福尼亚的话或许会有所帮助，但是我们当时并不在加利福尼亚州。

YIRN 虽然没有获得成功，但仍然有其积极的作用——即便它没有能够为昆士兰州的创意青年人创立一个强大的网络，但是它催生了几个规模更大质量更高的研究项目，涉及城市信息学、数字故事讲述、青年创意企业与发展沟通等领域。后来，网络带宽不断提高，互联网从文本与音乐转向视频，YouTube 应运而生，其口号简单有

102

力，“播放自我”，简单易用（使用 Flash 技术），并且愿意从“我”（第一个视频文件是由联合创始人 Jawed Karim 发布的《我在动物园里》）迅速扩展升级到“全球”。显而易见，昆士兰的年轻人以及其他地方的任何人都不需要有自己特殊的操场，而是最好能够加入全球性的大社区，置身其中可以结识任何人。而 YouTube 迅速给我们提供了这一机会，我也从中汲取了一些教训：开放性的网络比任何其他东西都要重要；成功来自于天时地利人和；简约、易用、可及远重于功能、控制或目的指引。

正当我们的资金即将耗尽的时候，YouTube 正式成立。与我们不同的是，YouTube 创立之初并不关注“播放自我”的一代想利用这种崭新的技术能力来做什么，如何对其进行塑造以实现促进想象力、起到帮助作用或者促进智力等目标。YouTube 只是在……演化（参见 Burgess & Green，2008）。

然而，无论 YouTube 有多么成功，它的演化所留下的一些问题都有待于进一步回答。人们需要（有、知道、做）什么才能参与到 YouTube 中去？同时，对其听之任之、通过渐进式的随机拷贝或者接触的方式学习而不是通过“科班”教育学习会产生什么样的后果？如果“我们”——也就是用户——决定利用 YouTube 这样的平台来自我表达与沟通之外还用于描述和论证——即用卡尔·波普尔（Karl Poper）的话来说，用于“客观的”以及“主观的”知识（Popper，1972：第三章），结果又会是怎样一番景象？

103

我们创立 YIRN 的时候，认为我们需要活跃在“数字读写能力”这个领域。我们当时认为开始的时候必须教授用户们如何制作并上传内容，并且不能像如今 YouTube 那样仅仅是让用户自己动手。YouTube 模式（通过实践以及随机拷贝的方式学习）的不利一面在于人们未必能够了解自己需要具备什么条件才能表达自己想要表达的内容；其有利一面在于很多情况下人们可以彼此学习，在扩大文档数量的过程中，人们的努力也会教会他人一些东西——就像 YouTube 的“老人 1927”（Peter Oakley）频道或者 Hey Clip 组合的“Tasha & Dishka”（Lital Mizel and Adi Frimmerman）一样。从这里引发了更多关于不同教育模式的问题：

- 新型的沟通媒介如 YouTube 以及其他互联网工具（开源程序开发、维基网站、博客、社交网络、群众分类法，等等）是否需要对教授整个社会群体如何使用这些工具进行投入（公共投入或私人投入）？通过自发式的摸索与适应是否效果更好？
- 当前正式教育基础设施中的投入能够起到什么作用？如果学校、大学不是合适的承载工具，那么，为什么不是？什么才是？
- 我们能否想象一个正式 / 非正式（专家 / 业余，公共 / 私人）复合式的传播模式来学习“数字读写能力”？如果能，YouTube 能够以何种方式发挥作用？
- 除了自我表达、沟通与分享文档之外，可以如何利用 YouTube 服务于科学、新闻与创意？

104

印刷读写到数字读写

回答这些问题的一种方法便是对比一下数字读写能力与其前任——印刷读写能力。19 世纪与 20 世纪见证了持续大规模的公共教育投入，首先是中小学，后来是大学——向用户以较低成本提供近乎全面的印刷读写能力所必需的基础设施。全球范围内，为了培养现代公民以及工业化所需要的训练有素、技巧娴熟的劳动大军，教育成本虽高，但也理所应当。然而在数字时代，教育投入却无法与从前的投入相匹敌。自 20 世纪 90 年代以来，用于组织网络连接、居民网络连接，以及近来的移动网络连接的移动通信技术物理基础设施投入与同时期用于推动整个人口摄取并应用教育创新的教育投资（公共投入或私人投入）是无法相提并论的。不同区域不同人的使用程度都可谓稀稀落落，产生的阶级鸿沟与人口鸿沟仍然是对工业时代的传承。数字读写能力的推广任务主要落在了为广告商寻找眼球的娱乐提供商身上，落在了那些希望向消费者推销其自主产权的应用软件的软件商身上。

如果我们相信我们所读到的关于 Y 世代与“数字土著”的故事，那么他们已经处于进化的中级阶段了。如今刚刚踏入中学的孩子们——将于 2060 年左右退休的人们——与工业背景下成长起来的现代主义者相比显然已经是另外一个物种。青少年显然并不把 105 电脑看作是科技，他们仿佛已经发展了一种内在的能力，发短信、使用 iPod、玩游戏，并且在多种平台上进行多任务操作；他们在 Facebook 上分享自己的生活故事，在 YouTube 上娱乐彼此，在博客圈子内进行哲学思索，在维基百科上贡献知识，在 Flickr 上从事前卫的艺术创作，在 Del.icio.us 上编辑档案。有些青少年甚至可以同时处理上述多项任务，他们的工作遵循一个集体智慧与反复改善的在线伦理，其运作模式十分科学。

但是青少年并没有在学校里学会这些。多数情况下，教育体系应对数字时代的做法是在校园里禁止学生接触包括 YouTube 在内的数字环境，更不要说设立由教师严格控制的“围墙花园”（Walled Gardens）。[2] 从这一点上青少年们也认识到正规教育的首要任务并不是要培养他们的数字读写能力，而是“保护”他们不受“不良”内容与网络骗子的侵害。因此，许多青少年转移了注意力，将自己的精力投入到消磨时光、做白日梦与搞恶作剧当中去。但是，正如我们在第一章中看到的那样，做白日梦只不过是运用个人想象力形成自我身份的另一代名词而已，而恶作剧也仅仅是与同辈群体以及不同地方的实验性质的接触。消磨时光（自我表达与社会交际）自古至今一直是娱乐产业的源泉，提供虚构小说的人物、活动、情节以及诗词，从《仲夏夜之梦》到《我知道去年夏天你干了什么》，无一例外。流行文化之所以能够遍地开花，就是因为抓住了年轻人（以及其他人）闲暇时刻的注意力、情绪、时间、活动以及文化，他们在这些时候恰恰摆脱了家庭、学校、工作的制度性束缚。因此，学校与大学采取明哲保身策略的同时，漫无目的的娱乐催生了年轻人 106 对创意自我表达与沟通的需求。

直到最近，富有创意的自我表达一直是提供的而不是制作的，通常是由专业人士与公司以一定价格提供，并且“不能讨价还价”，消费者自己的投入极少。但是现在，数字在线媒体为消费者与用户自己动手（DIY，do-it-yourself）以及与人合作（DIWO，do-it-with-others）创作创意内容提供了无限空间，不再需要机构过滤或者官僚控制。一台电脑终端前的任何人都能够接触到所谓的自制内容“长尾巴”（long tail）。每个人都是一个潜在的发布者。年轻人不再需要依赖他人的专业技术，自己就可以在信息的宇宙中航行。虽然学校与大学的确在教授“信息通信技术技能”甚至是“创意实践”，但到目前为止，事实证明它们并不善于将需求驱动的分布式的学习网络应用于辅助目的以外的创意目的。

虽然读写倡导者尽心尽力加以推广，虽然学校教育大力加以普及，但是印刷读写文化已经在那些使用印刷作为一种自动的沟通方式的人与那些使用印刷——如果使用的话——作为个人消费的人之间造就了一种事实上的劳动分工。虽然多数人能够阅读，但是在印刷方面只有极少数人能够出版发表。因此，对科学、新闻甚至虚构故事的积极贡献也往往限制在专家精英的圈子里，与此同时，大多数人面对有限的、已经商业化的“读写能力应用”只能凑合将就、得过且过，这一点理查德·霍加特早在50年前就已经指出。

但是互联网并不区分读写能力与作品发表。因此，现在可以设想在一个全民读写的世界里人人既有消费能力也有贡献能力。人们 107

当然可以利用互联网来做白日梦、搞恶作剧即进行自我表达与沟通，但人们也完全可能运用其他层次的功能，实现其他目的，包括科学、新闻、想象力作品如小说等这些印刷读写时代的众多伟大发明，在这一进程中必须加以改进。虽然可能失去一些东西的某些人存在各种忧虑，这些伟大的现实主义文本系统不必再局限在权威精英手中了。

升级电视的“诗人功能”

近年来，企业战略与公共服务思维都强调组织、政府、社区都需要发展新型的创新模式，走出读写工业化时代的封闭式专家过程。在知识型社会中，真正需要的是一个开放的创新网络。与此同时，追求“创意性毁灭”与更新的企业家在直觉技能与想象技能方面可以与艺术家相比。经济生活与政治生活的方方面面都需要创意，这一点已经得到了人们的认可。创意才华不仅具有经济价值，还具有象征价值。但是，一个开放的创新网络得益于利用全民的创意能量，而不仅仅是孤立的专业精英的投入。技术发达的社交网络运用数字媒体，生产力现在既可以来自生产商，也可以来自消费者，用户拓展知识增长的程度远远超过印刷出版的专业人士所能实现的增长。因此，YouTube（以及其他在线社交网络网站）虽然发展缺乏系统性，内容方面缺乏志向，无非是致力于游手好闲的娱乐，或者就像经典的 Hey Clip 组合所说的那样：“大伙儿听着，傻跳很好玩儿”[3]；但与此同时，它还是一个复杂的系统，数字读写能力在其中可以发现新用途、新的发表者以及新知识。除此之外，人人都可以加入其中，整个系统的生产力也因此而得以提高。

108

到目前为止，商业媒体产业与娱乐产业都一直遵循着产业化或者专家体系的生产模式：专业人士制造故事、体验与身份，我们其余的人负责消费。这一体系是“代表性质的”，一方面“我们”在屏幕上被代表，另一方面一小部分专业人士“代表”了我们所有人。这一体系的生产力不是根据传播的思想的多少或者讲述的故事的数量，而是以每个故事赚取的美元数量来测算的。因此，在过去的一个世纪当中，电影、广播、电视将人类故事讲述组织安排进入一个产业体系，亿万人观看，而写作的人数只能按百、千来计算。播放式媒体在大众匿名文化中向我们播放并代表我们进行播放。

这就是诗人功能（Fiske & Hartley，2003；参见第三章）。既然我们现在可以自己动手，并且可以与他人合作，那么电视的“诗人功能”将何去何从？YouTube 是第一个从较大规模角度回答这一问题的，其口号“播放自己”准确地捕捉到老式电视与新式电视之间的差别。YouTube 大规模地增加了发布视频“内容”的人数以及可供观看的视频数量。但是，这些视频中极少有人们传统意义上理解的“故事”，尤其是因为时间长度大幅削减：电影时间 90 分钟，电视节目时间 30 到 50 分钟，多数 YouTube 视频文件持续时间为一到两分钟。最好的一些故事，比如《寂寞女孩 15》（*lonelygirl15*），不得不伪装成其他作品以遵守采用对话式的社交网络的传统。[4]

109

YouTube 允许所有人发挥自己的“诗人功能”。抓起一把竖琴（即便是手机上的“掌上竖琴”）[5] 歌唱吧！伴随着其他社交网络企业，既包括商业性的也包括社区性的，YouTube 是在技术上启用的文化方面“自下而上”（所有人都在歌唱，所有人都在跳舞）的“诗人”体系模式可能呈现何种样态进行的一种实践检验。现在不再需要寻找一个社会机制或者经济部门，例如古凯尔特人的诗人群体或者电视产业，两者的共同特征是专业、限制使用、控制、管制以及单向沟通，而可以寻找一种社会支撑技术（*enabling social technology*），几乎所有地方的所有人都能够接触使用，个人主体能够在大规模的网络中遨游并实现自己的目标，与此同时能够为知识增长以及档案增加作出贡献。互联网已经迅速演化为一种新式的促进知识增长的“社会支撑技术”。如同“新”媒体通常会补充而不是取代旧媒体一样，互联网既需要专家也需要大众。互联网成为“自下而上”（基于自己动手的消费者）式的知识生产与“自上而下”（基于产业专家）式的知识生产连接、互动的途径。（Potts et al. 2008）

YouTube：符号世界

人类的语言是开放复杂体系内个体生产力与行为动态过程的基本模型。语言、普遍意义上的语言以及每一特定的语言，都是由个体产生的，但是语言表达并连接起一个原则上包括所有讲这一语言的个体的群体，包括那些尚未出生但是后来可以阅读的人，至少在语言改变到无法认知的程度之前都是如此。一门语言就是一个网络，但是一个特殊种类的网络：阿尔伯特·拉兹罗·巴拉巴斯（Albert-László Barabási，2002）将其定义为“无标度网络”（scale-free network）：

110

> 大脑是一个由轴突连接的神经细胞所组成的网络，神经细胞本身也是由生物化学反应连接的分子所组成的网络。社会也是由友情、亲情以及职业关系连接起来的人所组成的网络。从更大范围来看，食物链与生态系统可以认为是物种组成的网络。网络之中弥漫着科技：互联网、电网、交通系统仅仅是少数几个例证。即便是我们将这些思想传达给读者所依赖的语言也是一个网络，句法关系将词汇连接到一起，这些词汇进一步组成这一网络。（Barabási & Bonabeau，2003：50）

巴拉巴斯与波纳布（Bonabeau，2003：50）解释说无标度网络的特征是网络中“节点”数量众多，但与其他节点之间只存在少数连接，“枢纽”数量较少，但与其他“节点”存在众多连接。复杂网络的组织模式仿佛遵循着贯穿于物理世界、社会、通信世界的“基本法则”。这些发现极大地改变了我们对周围这个复杂联系的世界的认识。从前的网络理论并未对此进行解释，众多枢纽提供了有力的证据说明各种不同的复杂系统都有一个严格的架构，遵循着似乎适用于细胞、电脑、语言与社会等不同领域的基本法则。上述这些深刻的见解能够开始解释个体起源点与行动是如何连接进入到一个连贯一致的系统中的，而此系统中的秩序会自发的显现，无须实施集中控制。（Shirky，2008）如同语言一样，人类网络本身就是网络化的、分支化的以及区分化的。既可以作为整体（从人类学、结构学的角度）加以理解，也可以分开（从浪漫主义、文化的角度）加以理解。

复杂适应体系的特征既适用于语言也适用于市场。无标度网络的特征是增长（新节点的加入）、偏好连接（*preferential attachment*，新节点寻求与已经连接的枢纽建立连接）与分级集聚（*hierarchical clustering*），即“小型紧密互连的节点集群连接成为规模更大、结构更松散的群体”（Barabási & Bonabeau，2003：58）。[6] 要对这样一种系统进行数学建模需要强大的计算能力，但是现在这一进程正在发展，在经济领域与“支撑性”科学之中都是如此——尤其是在进化经济学与复杂经济学领域中。（Beinhocker，2006）这里的“偏好连接”概念解释了社交网络市场的原理，其特别之处在于主体的选择（主体既包括消费者也包括生产者，既包括个体也包括企业）取决于网络中其他人的选择。（Ormerod，2001；Potts et al.，2008）能够从整体与个人主体两种角度来看待系统还具有这样的效果：将自雷蒙德·威廉姆斯以来驱动文化研究、长期分离的“两种范式”（Hall，1980）即结构主义（系统；整体）与文化主义（主体；具体）再次联合起来。

网络上与科学家们所提出的模型酷似语言模型：一个体系中的节点（主体、讲话者）与关系（连接、沟通）在一个开放复杂的网络中相互连接，相对少数的几个主要的枢纽或者包括媒体机构在内的“语言机构”对其进行协调。这便是尤里·洛特曼（1990）提出的“思想的宇宙”——“符号域”——其另外一个名称是“文化”。如果进行数学建模，文化并不在经济学的结构对立面（*structured opposition*）上出现，而是作为同一协调网络的一个组成部分出现。YouTube 便是这样一个网络。

112

来自远古的信息

人类很多故事是“说了也就完了”。一旦讲述出来，也就终结了，因为多数故事——多数言说——都是语言学家罗曼·雅各布森（Roman Jakobson，1958）口中寒暄（*phatic*）沟通的一部分，保持讲话者之间的联系，并不产生新的知识。因此多数故事都是短命的蜉蝣，不是长存的档案。这一功能，与语言使用的表情功能（自我表达）与意欲功能（祈使）一起，主导着小型密切联系的集群，如家人朋友，其中每一主体或节点都拥有少数连接，说出的信息目的是为了维护这些连接（因此寒暄语沟通有时也称为“修饰性谈话”[grooming talk]）。因此，互联网上存在大量闲谈闲聊的下里巴人，莎士比亚与科学等阳春白雪则较为少见。

但是有些故事不仅仅是纯粹的寒暄语，它们的功能不是要连接讲话者，而是要对世界进行描述或者创造性的扩展该系统的能力。按照雅各布森的说法，它们的功能不是寒暄功能，而是指称功能（referential，语境信息）、诗歌功能（poetic，自我指称），或元语言功能（metalinguistic，关于编码或系统）。（Jakobson，1958；同时参见 Fiske & Hartley，2003：62–3）这些故事经过日积月累可能成为“枢纽”（hubbed），从网络中散发多个连接，起到协调的作用。这些故事可能是神话，城市中的或其他地方的，民间故事（folklore）或者“古代故事”（tales of yore）；也可能以高度精致的形式不断重复讲述，如采取歌曲、戏剧，或者叙说等方式。重点是它们保留了无数的起源地（所有的人都在不断重复讲述），但同时也保留了可以识别的形态与一致性。 113

在写作“日常行为戏剧化”背景下的现代艺术的时候，戈兰·索尼森（2002）认为，随着后现代社会高雅艺术与流行艺术之间的现代主义区分的废除，能够看到高雅艺术从流行艺术中借用一些新事物，这些新事物来自于日常生活，即寒暄功能成为艺术：

> 当代艺术……重复着日常生活中微不足道的情景，已经成为一种标准并在不断重复，并非因为一些大众记忆的存在，而是因为电视与其他大众媒体反复投射的缘故：它们因为电视的诗人功能而存在，这是菲斯科和哈特雷的说法；用雅各布森的话来讲，就是因为寒暄功能而存在。（Sonesson，2002：24）

这里的论断是日常生活、大众媒体与高雅艺术三个领域在一个更大的文化网络中完全连接在一起，艺术本身已经到达了自身能够意识到并且能够从语言的最基本或者陈腐的功能中汲取灵感的发展阶段。虽然对这些问题的公共评论中有众多的负面评价，陈词滥调、媒体、艺术以及后现代主义都来指摘斥责一番，在这一过程中有些深刻见解还是得以发现：即自我的表现在日常生活中和在高雅艺术中一样都是经过编码的、“夸张的”和“艺术的”；主观性在表现中将力量与美学连接起来；整个文化网络中这些处于不同层级的层次之间存在一个互相影响的开放式渠道（例如表现在“八卦”媒体与 114

名人文化之中，人们给予帕丽斯［Paris］以及布兰妮 [Britney] 等名人的注意力主要集中在她们的私生活上，而对于他人而言她们的私生活构成了平凡的境况（condition of ordinariness）。（Hilton，2004）

因此，可以对寒暄沟通进行重新评估。对于 YouTube 这样的数字媒体重新评估则成为必须，因为社交网络中发布的信息中有太多是寒暄性质的。对于接受过文学专业培训、尽量减少寒暄话语使用的现代主义者而言，这看上去简直就是一团乱麻。但是，这里的问题或许出在批评的旁观者身上，而不是在互联网的使用上，因为一个媒体中如果寒暄式沟通能够全面还原为表演戏剧风格，该媒体可能正在促进古老的、多声音的叙述模式重新回归到文化的视野当中。例如，阿尼尔·达什（Anil Dash）是博客软件开发商 Six Apart Ltd 的一员，同时也是最早撰写博客的群体中的一员，他曾经写道：

> 电视、报纸、广播、书籍，尤其是在过去一百年的时间里的西方世界，已经从一个成千上万个同时发生的平行对话缩减为由六大或七大媒体公司主导的状态。人类互动的思路、漫谈、叙述传统，历史久远，能够追溯到人类最早的故事讲述传统，现在都已经被抛弃，转而注重要点。（Dash，1999）

达什论述的含义是网络打开了“公众话语”的大门，提高了古老的、分布在整个物种而不是局限在“六大或者七大”媒体内部的讲述能力。他还提出，第三方的插入语、批注、超链接等都是 YouTube 以及博客的特征，都会增加网络发布文件的可信度、丰富性以及批判价值；它们的出现并不是作者自身的一种线性表演（linear performance），而是连接性、集体智慧与故事口头讲述模式的同台表演（concurrent performance）。如果真如此，那么更好地理解“人类互动的思路、漫谈、叙述传统”就具有更加重要的意义，因为

115

现在或许应该对其重新评估为一种知识资源，而不是将其认为是无足轻重的寒暄、蹩脚的艺术或者非科学（non-science）。如果故事讲述——更不要提漫谈——是一种古老的资源，或许明智的做法是摒弃不同媒体间令人反感的各种区分，并且将媒体视为知识增长的一部分，而能够追溯到“人类最早的故事讲述传统”。

故事类型的数量有限，在文化中普遍存在，自古以来都是如此，因此有人得出这样一个结论，即情节安排方面几乎没有变化。约瑟夫·坎贝尔（Joseph Campbell）曾是这一观点的支持者，并且提出如下的“元神话”（monomyth）：

> 主人公从平凡的世界踏入充满超自然奇迹的区域：遭遇神奇的种种势力，赢得决定性的胜利：主人公从神秘的历险中凯旋，恩惠泽及同胞。（Campbell，1949：30）

结构主义者与形式主义者也曾经迷恋于对神话与民间故事进行“结构”分析——普罗普（Propp）、格雷马斯（Griemas）、托多洛夫（Todorov）、洛特曼，与贝特尔海姆（Bettelheim）无一例外。（Hawkes，1977）

116

后来，克里斯托弗·布克（Christopher Booker，2004）明确了古老传说结构变化的七种基本情节：

1. 战胜怪兽
2. 白手起家
3. 探索
4. 航行与归航
5. 轮回
6. 喜剧
7. 悲剧。

最基本的情节安排，“战胜怪兽”，是世上最古老的生存类故事《吉尔伽美什史诗》(*Epic of Gilgamesh*)的特征，也见于珀尔修斯(Perseus)、忒修斯(Theseus)的经典故事、盎格鲁–撒克逊诗歌《贝奥武夫》(*Beowulf*)、《马比诺吉昂》(*Mabinogion*)中的《库尔威奇和奥尔温》(“Culhwch and Olwen”)，“童话”《小红帽》、《德拉库拉》，以及当代 H. G. 威尔斯(H. G. Wells)的《世界大战》，或者电影《七武士》、《诺博士》、《星球大战：曙光乍现》、《大白鲨》，以及2007年3D电影/动画组合《贝奥武夫》(*Beowulf*)。

这种故事用来构建事实与虚构作品，新闻、政治以及电影，并且手法如出一辙。此类叙述便是罗宾·安德森(Robin Anderson, 2006)口中的“军事娱乐”。绝好的例子是报道乔治·沃克·布什总统(George W. Bush)在美国亚伯拉罕·林肯号(*Abraham Lincoln*)航空母舰上发表《使命完成》(Mission Accomplished)演说的新闻报道(2003年5月1日)，布什宣布在伊拉克对“一个大恶魔”——与《贝奥武夫》中的格兰德尔(Grendel)怪物相匹敌却无法看见的怪物——取得的决定性胜利，并且明确表彰英雄们赐予的恩惠。布什总统发言的最后一段明确地将当时的事件与“一个古老的信息”联系起来：

117

> 各位——我们这一代军人——承担起了历史的最高使命。你们在捍卫你们的祖国，保护无辜平民不受侵害。无论你们走到哪里，你们都传达着一个充满希望的信息——这个信息虽然古老，却历久弥新。用先知以赛亚的话来说：“我要对被俘的说：你们自由了！对黑暗中的人说：你们重见光明吧！”[7]

当然，这个故事后来又长期困扰着布什政府，并非是因为它作为神话的地位；故事之所以会反弹重现仅仅是因为怪物没有死亡——不是一个好故事。自然而然地，这一事件在 YouTube 上被彻底修改、恶搞，并改编出种种版本。[8]

“讲故事的人统治社会”——叙事的科学

克里斯托弗·布克自己辨别重复模式的方法是阅读大量故事，并且从荣格（Jungian）原型的角度解释这些模式，他借此将故事与个体的“自我实现”（self-realisation）过程联系起来。布克同时也表示他试图寻找的科学早就应该被发现了：

> 我相信，有一天人们最终会发现，很久以来，我们用以了解世界的科学方法最为明显的一个失误便是没能认识到我们设想故事的愿望就像原子的结构或者基因组的结构一样遵循着特定的定律，这些定律使得这一愿望能够成为科学研究的对象。（Booker，2004：700）

评论家们对于这些定律印象深刻，但是对于支撑性理论则不然。例如，丹尼斯·达顿（Denis Dutton，2005）写道：[9]

118

> 小说的基本情景是人类对爱、死亡、历险、家庭、正义与逆境所持有的基本的、根深蒂固的兴趣的产物。这些价值观在古老的更新世（Pleistocene）与今天同样重要，因此进化派心理学家对它们进行了大量的研究。

布克与达顿都在寻求方法用以描述使得个体主体不仅仅能够加入到意义创造的网络并与其他主体连接来而且将可能是数量无限的经验、指号过程与结构排列出顺序并且在此过程中实现“自我实现”

（self-actualisation，亚伯拉罕·马斯洛 [Abraham Maslow]）的，如果不是“自我实现”（荣格，Carl Jung）的协调机制。[10] 换言之，故事本身同时是语言与自我的组织机制。故事“讲述”着诗人、媒体、故事讲述者，而非反之。

一个以成长与变化为特征的网络是动态的，一个“无标度”的网络：

> 当新的节点出现的时候，它们往往与链接数量更多的网站进行连接；因此随着时间的推移，这些受欢迎的网站与其他链接数量较少的邻居相比会获得更多的链接。并且这种“富者愈富”的过程一般比较倾向于早期的节点，而这些节点更有可能最终转变成为枢纽。（Barabási and Bonabeau，2003：55）

在故事讲述的网络中，布克的七大基本情节安排是枢纽，新的事件（情节）与主体（主人公）都是遵照“优先吸引”的原则，因此新故事的结局通常与其他故事大同小异：

1. **期盼阶段**：历险的召唤，未来的承诺。
2. **梦想阶段**：男女主人公经历一些初期的成功。仿佛一切进展顺利，时而带有一种梦想般的所向披靡之感。（我们或许可以称为“任务完成”阶段。）
3. **挫折阶段**：第一次遭遇真正的劲敌。事情开始差错百出。
4. **梦魇阶段**：在情节达到紧张高潮阶段，灾难爆发，仿佛一切希望都已破灭（终极磨难）。
5. **解决方案**：主人公最终获胜，并且可能与“另一半”（浪漫伴侣）结合或者重逢。[11]

将经验限缩归纳为此类模式有什么益处？或许故事本身是“硬

119

连接”(hard wired),制定出新节点在无标度网络中寻找有益链接所需的序列。故事是一种社会技术,作用是将找到正确方法应对复杂的适应性网络的模式传递给后代。故事的本质是一个新“节点”是否愿意并且如何才能与网络连接、应对其环境并且发展出足够数量的链接成为一个枢纽。连接失败也是有一个名字的,布克称之为“悲剧”。那么将自我置于系统之上的人物的名字又是什么?布克称之为“罪恶”。其他一切都是某一版本的传奇故事;它们都是家庭戏剧。

叙事推理

故事讲述能够实现科学无法实现的事情。埃里克·贝恩霍克(Eric Beinhocker,2006)认为故事是归纳推理(*inductive reasoning*)的一种进化机制:

> 正如柏拉图所言:“讲故事的人统治社会”……故事对我们而言至关重要,我们处理信息的基本途径便是归纳。归纳本质上是通过模式识别进行推理……我们喜欢故事的原因是它们供给原料给我们的归纳思维机器,给予我们用以发现模式的材料——故事是我们学习的一种方式。(126–7)

120

考虑到这一见解是在一本关于复杂经济学的书中提出的,或许也可以认为该背景下的学习可以部分回答“财富是如何创造出来的”这一问题,既包括长期的财富创造(财富进化)也包括短期的财富创造(商业成功)。贝恩霍克并不是在颂扬英雄的传奇,而是在寻求一种经济增长的科学解释、一种创业行为的精确模型。在此背景下,学习本身就具备创造财富的潜在可能:

> 人类尤其精于归纳性模式识别的两个方面。一方面，通过比喻与类比将新的经历与已有的模式进行联系……另一方面，我们不仅仅善于识别模式，而且善于制造模式。我们的大脑是填补缺失信息空白的专家。（127）

如果埃里克·贝恩霍克是正确的，并且他的模型是与传统经济学模型存在巨大差别的“经济理性主义”模型，那么其重要意义不可低估。YouTube是一种将这一归纳推理与学习工具传播到社会最边远区域的工具；寻求途径将边际的、孤立的、排除在外的或者羞涩的“节点”连接起来以便它们能够兴盛起来。贝恩霍克强调，我们需要理解“个体的微观行为”才能理解整个体系是如何运作的：

121

> 该模型将人类描述为归纳性的、理性的模式识别者，能够在模糊并且迅速变化的环境中作出决策并且随着时间的推移进行学习。真正的人既不是纯粹的利己主义者，也不是纯粹的利他主义者。相反，人们的行为是在社会网络中激发合作、奖励合作并且惩罚搭便车者。（138–9）

这一点正是YouTube所倡导的。贝恩霍克继续解释说：“网络是任何复杂适应系统中的一种必不可少的组成成分。缺少主体之间的互动，也就不存在复杂性。”（141）简而言之，没有个体之间的互动，整个系统就会失效。因此，任何先进的沟通理论都会理所当然地寻求一种途径将归纳推理——故事讲述——的能力放归它本该归属的地方，所有主体的头脑中、口中。如此他们便能够在一个竞争的基础上进行互动，从而寻求各种方法以“在各种背景中接触、理解并创建沟通”，如同一个国家的媒体监管部门对“媒体读写能力”的界定一样。[12] 从那里，他们可以学习“在网络中的网络的不同层次结构”（Beinhocker 2006：141）中遨游，而这些层次结构既是全球经济中市场的特征，也是全球意义创造系统中含义的特征，语言、互联网——YouTube 也囊括在内。

第五章

数字叙事

自制媒体中的专长与延展性问题

"天哪！看上去它好像能跟我说话一样！"

——奥利弗·雷莉（Olive Riley）

数字叙事

122 "数字故事讲述"（digital storytelling）[1]一词可以笼统地用来描述任何基于电脑的叙述表达，包括"超文本虚构故事"（hyptertext fiction）、游戏叙述（game narratives）以及 YouTube，等等。这些新的发展状况吸引了众多文献的关注，尤其是与游戏相关的。但是，这一术语在此处仅仅指的是"普通人"参与实践型工作坊并运用电脑软件制作简短、倾向于自我表达的个人电影（personal films）的做法；比较典型的是对身份认识、记忆、地方与心愿的叙述。[2]数字故事讲述填补了在广播时代从未充分填补的日常文化实践与专业媒体之间的空白。（Carpentier，2003）数字故事虽然简单但是有规有据，像十四行诗或者俳句，并且所有人都可以学习创作故事。数字故事重新界定了生产商与消费者的关系，并且显示非专业人士的用户们的创造性工作可以给当前的文化增加价值。（Burgess & Hartley 2004） 123 这种模式的数字故事讲述已经建立起其谱系；它的名字是“加利福尼亚出口品”（Californian export），[3] 威尔士对其进行了改造，这一点在下文中会逐渐变得清晰。（Hartley & McWilliam［eds.］，2009）

本章主要讨论作为一种实践数字故事讲述职业一直不断面临的两个具体问题。第一个问题是延展性的问题。个体创造性表达如何进行规模控制？延展性有两个方面：（1）故事的收集以及（2）创作故事的方法的传播。第二个问题涉及组织数字故事讲述的工作坊，主要是由一名专家组织与其他人聚集到一起学习创作故事的方法。因此，专长问题同样也有两个方面：（3）专家主持人的角色以及（4）用户的专长。本章认为解决这些问题将会将数字故事讲述从深陷于“封闭的专家范式”的现象转变为活跃在“开放的创新网络”中的现象。

规模：是小是大？

如何才能收集数不胜数的自编故事并且让某一较大团体能够接触到并对其给予重视？这里的群体可以理解为群体、公众、市场或者网络。要回答这一问题绝非易事。广播与电影在回答这一问题的时候彻底失败了。数十年来，广播与电影并未努力扩大故事的规模，因为它们在不断忙于扩大观众的规模。规模与组织关注的是销售而不是生产（制造业则不然）。虽然出版业早已开发出一种商业模式，书库与再版书目计划（backlist）（一张模拟时代的长尾）可以使单一数目无限延展，但是像电影电视等基于时间的媒体从未在内容方面 124 扩大规模，充其量也就是每月（电影）或者每天（电视，如果当天运气不错的话）多播几个小时的新内容。

虽然因为内容受到广泛关注而“大众化”，广播的“供给方面”

非常有限，根本无法用“大众化”来加以形容。消费者并不向广播网络提供故事，广播网络依赖（并且控制着）一些高度专业化的卫星制作工作室以及其所信任的个人。“故事”的市场中并不包括消费者；市场的组织围绕在洛杉矶、戛纳等地的交易会周围。结果，故事讲述走向了竞争化、专业化，成为经过高级培训（并且非常幸运）的专业人士的职业。他们注意到了威尔基·柯林斯（Wilkie Collins，抑或是查尔斯·里德［Charles Reade］？）的著名小说公式：“让他们哭，让他们笑，让他们等。”（按此顺序）他们彼此安慰，认为仅仅只有七种基本故事情节。[4] 他们了解观众喜欢什么、想要什么。奇怪的是，这样造就出的文化仅仅通过从爆炸现场逃离的明星的眼睛来看待文化本身[5]，并且依据齿颚矫正的质量来辨别敌友（电影已经从“白帽子对抗黑帽子”的阶段发展到“完美的牙齿对抗丑陋的牙齿”的阶段——因此可以消灭“那些丑陋的半兽人［orcs］”）。换言之，在纵向整合的产业当中的专业人士的竞争，加上垄断倾向而不是开放性的市场，带来的仅仅是符号学上的贫穷，而不是给人们提供更多的选择。

进入互联网。内容供给的溪流开始扩张，首先类似于一个电信网络，之后类似于一个语言群体。因此，问题就转化为：传统的演艺圈中的“封闭的专家体系”与互联网中的蜂窝式的嗡鸣之间是否存在一种东西能够允许个体的声音释放出来、加以收集、进行传播并且吸引另外一大部分相同个体的注意力？用经济学的术语来讲，从一个垄断控制的“产业”模式转变成为一个交流的“开放市场”模式是否可能？

125

数字故事讲述是否就是这样一种东西？早期的乌托邦式希望表明数字故事讲述就可能带来这样的可能性。丹尼尔·麦多思（Daniel Meadows）这样写道：

> 这些伟大理念给我们这些之前被认为是观众的人带来的希望是我们将被重新定位为新式参与型文化之中的观众兼制作人。那么，我要说的是："尽管放马过来。"（Meadows，2006）

数字故事讲述如何"放马过来"？它将个人的声音推广普及，运用一种美学来平衡大众参与（制作与观看）和沟通影响。故事的时间长度大约为 2 分钟，配有画外音的剧本长度约 250 个单词，静止的图片大约 10 多张，偶尔插入一些视频片段。其理念是有一定限制的调色板有助于缺乏或者没有技术经验或审美经验的人们创作出"优雅"的故事（麦多思的说法）。故事讲述者独特的声音对于这一过程至关重要，在符号元素的安排中必须重点对待。叙述可及性、个人热情以及普遍的"存在"（Derrida，1976）优先于形式的实验或者技术的创新性运用（Burgess & Hartley，2004）。其理念在于：个人的真实性（authenticity）可以在多愁善感缺失的情况下触动他人。

126

那么，延展性的第一个问题是：能否有足够多的人来创作并欣赏足够多的故事以使这种形式能够达到先驱者们所设想的理想水平——像语言一样大众化，像互联网一样连接广泛，像《潘神的迷宫》（*Pan's Labyrinth*）一样引人入胜？[6] 当前的发展状况说明早期的一些设想尚未实现；而且事实上这些设想的规模反而缩减了。数字故事讲述原本被设想为是广播的一种替代工具，现在仅仅实现了社群媒体（community media）的地位。或许其推广失败的原因是未能进行必要的投入，包括公共投入、私人投入以及智力投入。

传播：威尔士出口品？

延展性的第二个问题是方法的传播。数字故事讲述的核心在于工作坊，其性质是劳动密集型、耗费时间、关系密切，理想的情况是大约八名参与者外加一到两名主持者。工作坊需要相当数量的配套装备：每人一台电脑，外加摄像机、声音录制编辑系统。除此之外，工作坊需要对话式的创作方式，依靠对高度不对称的关系进行巧妙的处理、利用：主持者的知识正式、外显、职业、专业，而参与者的知识非正式、隐性、业余、普通。二者对于创作过程而言都是不可或缺的。最适合这种组织的教学法是苏格拉底式的教学法而不是技术顽固派（technological fixers）所钟爱的“知识灌输”模式。在他们眼中，数字故事讲述工作坊显然是成本高、效率低的一种工作方式。参与者要创作出成功的故事，正式的工作坊要素必须激发出他们隐性的知识，即一种“诱发”过程，将数字故事讲述直接与查尔斯·雷德比特（1999：28–36）所设想的大众创新领域连接起来。

127

因此，工作坊中最为重要的元素并不是电脑使用或者编辑方面的培训，而是所谓的“故事圈”（Hartley & McWilliam，2009），即一系列的对话式游戏，其中人们借鉴自己以及彼此的嵌入式故事知识（embedded knowledge of stories）、叙述风格、笑话以及参考信息。当然，这种隐性的知识大多是文化性的而非个体性的，我们的工作坊中发现的年龄组之间的差异便是佐证：年长的参与者倾向于强调事实与细节、线性时间，对图片几乎完全当作参考加以使用、外加一种新闻式的语气；而年轻的参与者“本能地”以比喻的方式对图片加以使用，为口语叙述提供一种和谐的音画对位，倾向于使用会话式的、日常语言风格的，并且更加愿意使用个性化的、激发感情的主题。（Burgess & Hartley，2004）

数字故事讲述是一个“加利福尼亚出口品”吗？加利福尼亚模式——按照笔者的理解即达纳·阿奇利（Dana Atchley）与乔·兰伯特（Joe Lambert）的传承——大致上基于独立电影运动（*independent film practice*），其方式可以追溯到20世纪70年代的莱尼·立普顿（Lenny Lipton）以及英国独立电影（Lipton，1974）中的电影工作坊运动，个人创作的作品通过艺术节或者文化机构进行传播。这是一种艺术家 + 艺术节的模式，其中“艺术家”的概念通常是极度大众化的。

相比之下，由丹尼尔·麦多思在威尔士首创、后来由澳大利亚影像中心（ACMI – Australian Centre for the Moving Image）与昆士兰科技大学（QUT）共同引入澳大利亚的传播模式并不是基于艺术节，而是基于广播。虽然麦多思师从于达纳·阿奇利学习数字故事讲述，但是从一开始他便努力将自己的数字故事讲述版本与电影—艺术节概念分开，转而使之与广播公司联系起来。[7] 在英国，这样的选择意味着他的资助与传播机构不是英国电影学院（British Film Institute）而是英国广播公司（BBC）。他实验了大量的方法将故事融入到电视、广播节目表以及 BBC 的网站中，这些创新也是他的传播方法的重要组成部分。

128

威尔士与加利福尼亚（两者都隔离在西方都市文化的边缘地带）之间的差异反映出一个事实，即，与美国不同（但与澳大利亚与欧洲类似）的是，威尔士拥有强大的公共服务广播（PSB，public-service broadcasting）传统以及艺术补贴。公共服务广播在欧洲以及澳大利亚以一种广泛接受的、制度化的文化实践模式存在，而加利福尼亚的“独立”模式似乎显得更加自由主义、个性主义，基于荒漠中露天星光下的音乐艺术节与电影艺术节。在威尔士要模仿这一点更是难上加难。即便如此，麦多思的团队已经在亚伯里斯威特艺术中心（Aberystwyth Arts Centre）转向了艺术节版本的数字故事讲述：在本书写作之时已经举办了两届这样的艺术节（*DS1* 2006 与 *DS2* 2007）。*DS2* 艺术节推介广告中这样写道：“*DS2* 旨在启发、鼓励并展示数字故事讲述令人振奋的种种可能，无论你从事教育工作、社区工作或者是艺术家。”[8] 这样一种冒险行为虽然勇气可嘉，但或许也说明数字故事讲述的广播理想在威尔士已经被冲淡了，或许是因为数字故事讲述从 BBC 获得的支持力度一直比较微弱，虽然曾经赢得众多奖项。[9]

数字故事讲述的广播模式或威尔士变体已经为教育艺术节与社区艺术节们“重新捕获”，作为一种文化实践而非一种媒体形式得以发展。数字故事讲述（形式）并未显示出要在开放性市场发展的任何迹象。与 YouTube（平台）不同的是，它不是作为大众娱乐食谱上的一部分与世人见面，因为其尚未进行商品化，还没有自己的所有者，也没有品牌。在“注意力经济”中既不“热门”也不“冷门”（Lanham，2006）。它也没有像维基百科或者知识共享（Creative Commons）的替代协作知识行为规范。虽然麦多思作出了不懈的努力，但数字故事讲述在拥有公共服务文化机构的国家中也未作为公共服务广播的部分节目加以采纳。

129

数字故事讲述与现有的“媒体读写能力”推广项目的确存在一些共同之处。然而其先驱者们往往都是自由主义者（在加利福尼亚模式中），对正式学校教育有过敏反应，因而即便是在学校教育的背景中，数字故事讲述的采纳也是教育体系中的积极教育者的自主行为，而不是“社交网络”市场中的“数字故事讲述企业家们”以之作为社会推广策略中的一部分来加以推行的。因此，无论数字故事讲述在何处生根，公共资助的文化或者教育机构往往还是会参与其中。

因此，一些悬而未决的问题仍然存在，例如，数字故事讲述的形式通过艺术节、广播或者网络中的何种方式更加有利于传播？传播方式在不依赖教育或社群艺术 / 媒体组织的资源的情况下能否获得成功？在昆士兰科技大学这些资源起着至关重要的作用；如果没有这些资源，昆士兰科技大学甚至不可能“进口”丹尼尔 · 麦多思本人。麦多思在 2003—2005 年期间多次到昆士兰科技大学开设研究生课程，并且“培训培训者”；培训者一般都是研究人员，他们希望将工作坊布署到青年或者社群开发研发项目中；当然也包括一些学者，他们希望将数字故事讲述引入学位课程当中。麦多思对昆士兰科技大学的两组培训者进行了培训，培训者们则在澳大利亚研究理事会（Australian Research Council）、昆士兰科技大学以及各州政府机构支持的项目中继续对学到的方法进行改进。 130

如何才能让数字故事讲述——作为一种让他人“放马过来”的“方法”——在整个社群中得以传播？类似 YouTube 的社交网络网站跳过了正式辅导并且鼓励用户直接进行在线发表（或者存档），这本身与传统的出版发表“本身”的不同之处在于在线发表更加强调“此时此地”，并且是一段对话的一部分，结果是更多“人类学的”发帖（来自日常生活的“原始”视频，例如巴士阿叔 [Bus Uncle]）[10]，也包括各种剽窃作品、混搭作品，以及来自其他媒体的致敬视频作品。另一方面，数字故事讲述需要带宽与收集，同时也需要进行教授。它还需要一个工作坊，尤其（但不仅仅）是对于那些在数字媒体方面目前尚不活跃的人们而言更是如此。完成的产品往往是一个大型的文件，在已经形成一个社群——但不是公众——的人们例如家庭、朋友或者兴趣小组之间得以分享。该产品通过当地的组织、文化机构以及活跃主体（如教育、艺术）得到传播。与其他出口品如 YouTube、聚友网（MySpace）以及维基百科相比，“加利福尼亚特色”并不明显。但是，YouTube 已经存在（在数字故事讲述发明之时它尚未出现），并且成为其他地方创作的故事的平台，因此没有必要将其视为彼此对立的“商业模式”。

即便如此，数字故事讲述也并非是互联网上的“土著”，而仍然需要开发高效的传播途径或者自我持续增长的能力（例如与博客相抗衡）。数字故事讲述也未能充分利用互联网的一些最新的创新力，例如可以由其他用户再使用、挪作他用（re-appropriation）的互动内容。数字故事是相对封闭的文本（即，不是超文本）。（Burgess 131

& Hartley，2004）数字故事对带宽要求很苛刻，因此目前它们通过DVD传播比通过下载的方式传播更加容易：即便它们出现在网站（例如威尔士风情［Capture Wales］）上的时候也有一种“手工制作”或者“手稿”的感觉。[11] 如果数字故事讲述要集聚自己的能量并且在公众文化中扮演重要的角色，下一步骤便是超越将注意力集中在本地制作的层次，即无论参与者从成为工作坊一分子中获益有多少，也无论文化机构从与社群成员共同创作中获益有多少。数字故事讲述需要解决的问题是如何为观众扩展内容、如何将创作方法作为全民教育（虽然不是以学校教育的方式）中的一个组成部分加以传播。这一步骤将专长的问题呈现在我们面前。

专家：仗势欺人还是乐善好施?

谈到专长，这里的第一个问题是自制媒体制作过程中主持者的角色问题。通常出于艺术与政治方面的考虑，主持者所处的位置类似于纪录片制作人的位置，其中还加入了一个社群艺术教育者（或者发起人）。为什么这也能成为一个问题？其原因是自制媒体不应当需要自我以外的其他人的专长投入，因为正在叙述的是自我的故事。我们可以考察一下YouTube这一例子就可以证明数以亿计的用户（数量仍在攀升）并不需要他人的专长投入。当自己的手被一个具有良好初衷的主持者握住的时候，无论握得多么“有助益”，“普通人”能否成功地继续他们自己想做的事情？在纪录片中，这个问题可以追溯到数十年前的纪录片之父弗拉哈迪（Flaherty）[12]、格利尔森（Grierson）[13] 以及电影中的实录电影（*cinema verité*）[14]，同样的问题也存在于剧照摄影（still photography）之中，其中关于“摄影对象”的权利与作用长久以来一直争论不休。因此这就成为最为明显的一个问题：你认为自己是去帮助弗洛里（Florrie）和诺

132

拉（Nora）；但是你却带着《夜邮》（*Night Mail*）回来。事实上，这样的“纪录片”作出的努力常常给人以极具主观色彩的感觉，无论拍摄对象的声音是多么强大。例如，《威尔士风情》（*Capture Wales*）网站上列出的完全真实的故事仍然提到了丹尼尔·麦多思（他本人自20世纪70年代以来就一直是知名的纪录片摄影师）。没有受过培训的人们如何“为自己说话”呢?

这是一座更为庞大的冰山的一角。一般而言，在所有产业文化当中，“专家范式”一直以来都在阻碍着普通大众自制意义与自我表达的发展。任何表达系统（既包括政治也包括电影）通常都不鼓励直接参与，即便是在为代表与专家们堆积荣誉和奖励的时候也是如此。无论是在生产模式（例如，电视、电影以及娱乐节目的制作）中还是在政治参与（新闻、政治）中，封闭的专家体系已经在最佳“从业人员”中的出众才华与大众贫乏的“媒体读写能力”之间制造了巨大的鸿沟。

问题就在于此。富有创意的精英创作的作品按照任何标准来说都是杰出高超的，这种地位的获得并不仅仅来自大众自己的认可与喜爱。因此，如果专家的确努力去推动个人“普遍的”声音的话，结果将会好得出人意料。这样的专家包括达纳·阿奇利以及他在加利福尼亚的伙伴们、丹尼尔·麦多思及其威尔士的魔术师们，更包括电影纪录片制作人，而其佼佼者非汉弗莱·詹宁斯（Humphrey Jennings）莫属。詹宁斯通过普通人来表达重大主题。他1943年的宣传电影《沉默的村庄》（*The Silent Village*）[15]便是电影制作中“专业业余合作”或称互动制作的早期典范，在当今或许可以称之为“消费者共同创作”。詹宁斯自己的高超技巧与热情对于影片的成功可谓功不可没，但是技巧与热情都成功地纳入到为一项伟大工作服务的工作之中，即将普通公民选为演员——既作为电影中的演员，又作为历史中的演员。詹宁斯将其所处时代的大众媒体转变成为一种沟通渠道，媒体的消费者可以通过该渠道向全世界传达一份希望的信息。其成果是真正对大众文化进行想象的伟大协作艺术（欲全面了解这一早期的威尔士出口品，参见 Hartley，2006）。[16]

因此，主持者专长的问题——将他人的“真实性”转化为专家的“著作权”——单纯凭借解雇所有的电影制作人并且让消费者自己得过且过是无法解决的。重要的是避免选择一种“非此即彼”的数字故事讲述模式：非专家即大众。同在专家范式与自我表达范式之间、客观知识与主观知识之间作出唯一的选择相比，更为可取的做法是坚持两手抓、两手都要硬。为此，必须摒弃线性的沟通模式，并代之以对话式的沟通模式：

> 人类的智能……无法进行自我启动。一个智能如果要运作起来，必须要有另外一个智能的存在。维果茨基（Vygotsky）第一个对此进行了强调：“任何高级功能都是在两个人之间分割存在的，是一个共同的心理过程。”智能一直都是一个对话者。（Lotman，1990：2）

134

根据尤里·洛特曼的观点，“人类智能”的发展必须以对话的方式展开；每个人都是一个“对话者”，即便在表达他们“内在自我”的时候也不例外。这一点适用于口头沟通、书面沟通，也适用于数字沟通。这也意味着将会存在不均衡的能力、愿望，以及不同水平的“读写能力”共同发挥作用，但是对话仍然是可以展开的。事实上，洛特曼认为他称其为“符号系统的两极不对称”是任何符号系统中意义的产生机制，从单独的文本到语言与文化无一例外（也就是说，从母亲婴儿之间“微笑的语言”到整个文化之间的轮流接收—传送［reception–transmission turn-taking］的一切，例如俄语 / 法语）：

人们已经证实，能够发挥最少功能的符号结构并不是由某一人为隔离出来的语言或该语言中的文本组成的，而是由一个平行的相互不可翻译的语言对组成，然而这一平行的语言对由一个“滑轮”即翻译连接起来。类似于此的二元结构是产生新信息的最小核心，同时也是一个符号客体如文化的最小单位。（Lotman，1990：2）

洛特曼的模型有助于理解专家作为“翻译者”的角色，尤其有助于那些在读写能力方面从文化的角度看“使用单一语言的人”，也就是说，这些人具备印刷读写能力但不具备媒体读写能力或者数字读写能力（反之亦然）。在数字故事讲述中，主持者与参与者之间存在明显的不对称性，但也不必理解为他们存在区别性的力量（Gibson，2007）。相反，这引出了文学翻译者最为重要的特征，即不仅精通源语与目标语的技术层面，同时（理想的状况下）也广泛了解两种语言的文学、新闻、科学与大众文化特征，以及具备将一种语言的优势翻译为另一种语言的优势的能力，即便存在“相互不可翻译”的不对称性的情况下也能够做到这一点。简言之，电影制作人或纪录片制作人的专长与业余人士的“平行”智能（parallel intelligence）结合起来，可以创作出全新的、引人入胜的故事，同时为双方都赢得赞誉。

135

专长：“天哪！看上去它好像能跟我说话一样！”

澳大利亚的电影制作人麦克·拉博（Mike Rubbo）是汉弗莱·詹宁斯的继任者之一。帮助拉博获得国际知名度的电影作品是1974年的《等待菲德尔》（*Waiting for Fidel*）[17]，据说迈克尔·摩尔（Michael Moore）风格的灵感便是来自该影片。从20世纪60年代以来，拉博每十年中都推出新的电影作品，近来凭借《无事生非》（*Much Ado about Something*，2001）[18]一片荣获了澳大利亚电影学院奖（AFI Award）。但是在影片中他仅仅是作为“助手麦克”出现。2006年，拉博为ABC-TV制作了一部题为《奥利弗全传》（*All About Olive*）的纪录片，讲述的是当时已有107岁高龄的奥利弗·雷莉（Olive Riley）的故事。此后，他又协助奥利弗制作了她自己的博客——雷莉的生活（*The Life of Riley*）[19]——在博客中她宣称自己是世界上年龄最大的博客写手。典型的一篇博文是《一张肖像》，讲述的故事是奥利弗请别人为自己画肖像，这样一次历程包括奥利弗去画室的旅程、一张违规停车罚单、一份馅饼，记录在誊写下来的对话中，还包括拉博拍摄的静态照片。当肖像制作完成后呈现在奥利弗面前的时候，她惊呼道：“天哪！看上去它好像能跟我说话一样！”[20]这句话也恰如其分地描述了她的博客。奥利弗的博客吸引了全世界的注意力，其访问量居高不下（第一个月的访问量便高达192 000人次），很多网友都积极留言发表评论（2007年2月的前三篇博文的评论多达500条）。博客的写作方式是拉博对其与奥利弗的对话进行录制，然后将对话文字输入到电脑，配以新老照片，偶尔出现落款为斜体“助手麦克”发表的评论。结果出现了一种新的混合形式——部分为博客（虽然出自他人手笔，但是仍然以第一人称的形式进行叙述），部分为数字故事讲述转录文本，部分为多平台发表作品（multiplatform publishing）。拉博回复了博客上几乎所有的评论，与回复者保持一种对话，扩展奥利弗当前生活经历的相关主题，并且提供新信息、发布新照片与对奥利弗感兴趣的人们共同分享。或许是因为拉博自己本身深谙媒体之道，“宣传之氧”既覆盖印刷媒体也包括广播媒体。其中有些报道还鼓励他人参与（例如募集有关奥利弗生活过的地方的照片），这些报道反过来也吸引了访客们登录奥利弗的博客网站，包括那些在波兰、美国、英国、德国等国家、地区看过报纸报道的人们。

一个明显的特征是拉博——他本人当时也是年近古稀之年——与奥利弗相比也并不是地道的“数字土著”。拉博是一位专业电影制作人，在纪录片拍摄方面拥有独到的才华，但电脑则是另外一番天地。拉博与博客的访客们分享了自己的学习历程，并向其中一位解释了他为什么没有将自己与奥利弗的对话制作成播客（podcast）：“单是做到目前这个阶段，只有图片与文字，已经是很费力的一件事了。制作播客的话我需要别人的帮助才能做到。我已经是风烛残年，早已过了风华正茂的年代。——助手麦克”[21]

拉博充当“助手”这一角色说明专业人士的技术专长可以以一种双赢的方式加以运用。这也向我们展示了专业人士（拉博）与第一人称故事讲述者（奥利弗）之间的不对称关系可以创作出全新的东西，使得双方相得益彰。同时，博客以及与其相关的媒体报道创造了一个人数众多的“对话群众”，对于他们而言，与奥利弗的私人接触以及与拉博的闲聊都是极具价值的。这便是一个多平台“开放性创新网络”的缩影。

137

数字故事讲述的雷莉—拉博模式是偶然发展出来的，并非通过工作坊的模式，主持者与参与者一对一的关系模式很难复制，更不要说进行推广了。但是这一模式的确将道路指向了在用户中以“对话”方式发展专长，其依据是对话的道德以及适用于具体但却客观的事件的“平行智能”。奥利弗的博客积极创作并分享所有各方面的新专长。它帮助我们设想一种是数字故事讲述“体系”，其中创作型公民在自己进行故事讲述的同时能够提高自己的专长，汇集他人的专长，并且利用他们新发现的“数字读写能力”去做以前从未想象过的事情（主流媒体的专业人士以及消费者用户都未曾想象过的，尤其是他们作为个体从未想象过的）。

这意味着数字故事讲述本身并不是目的，而是作为一个更大的文化进程的一个部分而存在，虽然这一文化进程可能是“自然的”，但也需要作出努力，一方面要在全民范围内拓宽数字读写能力的使用者范围，另一方面要强化使用，以便公众能够全面接触数字媒体，并为知识增长尤其是最适合数字媒体的知识增长作出普遍贡献。目前只是朝着这一方向迈出了一步，因为到目前为止数字故事讲述仅仅是涉及“第一人称”叙事，故事仅仅涉及身份认同、情绪与自我实现。这也是可以理解的，但是语言绝不仅限于自我表达与沟通：同时还有知识。事实上，哲学家卡尔·波普尔（1972）提出了一种语言“层次”的类型学（typology）:

1. 自我表达（Self-expression）
2. 沟通（Communication）
3. 描述（Description）
4. 论证（Argumentation）（第三章）。

138

对于波普尔而言，前两个层次产生主观知识，后两个层次产生客观知识。对于我们而言，值得注意的是数字故事讲述与普遍意义上媒体娱乐情结一样，其注意力的中心仅放在了第一个层次上。要进一步迈向语言更高的两个“层次”，专长的问题必须加以解决：某一特定社群中的所有人怎么才能够为客观知识的增长贡献力量?

这里印刷读写能力可以作为一个具有启发意义的先例。在很长一段时期内（在欧洲是17世纪到19世纪），印刷读写能力脱离了诸如宗教、商业、政府等工具性的功能转而成为一种文化能力。值得注意的是这一点之所以成为可能是因为对学校教育进行了大量的公共投入，其目的在当时是为了实现全民具备印刷读写能力的目标。但是，印刷读写能力的用途也脱离了自己这一早期变节者的制度功能与个人功能。作为一种社会资源——内置人力资本的一种形式——印刷读写能力成就了科学、文学、新闻与娱乐。启蒙运动、现代化、工业化以及大众媒体都是建立在印刷读写能力的基础之上的。那些自己具备了在数字媒体中进行自我表达能力的人所积累的专长会以什么样的形式存在呢？这便是专长的第二个问题。

数字故事讲述服务于科学、新闻、想象力？

卡尔·波普尔将客观知识的演化发展，科学、现代化以及开放性的社会与印刷术的发明联系在一起。这是人们认为普及教育是明智之举的原因之一。有一个问题值得思考，即数字媒体的发明是否能够在知识增长的过程中促成知识增长进一步的演化发展阶段。如果这一问题的答案是肯定的，需要做到两点。

139

第一，“普通人”，即大众、参与者、非专业的消费者，需要能够开发出并分享他们自己的专长，以便除了能够为自我表达与沟通的活力作出贡献以外，还能够为科学、想象力以及新闻的活力作出贡献。换句话说，奥利弗对不同地方的经验性的、隐性的知识以及不同的主题本身都非常有趣，尤其是当与她对话的人获取这些知识、主题之后，他们也能够产生新的“客观”知识，例如关于她曾经居住过的地方的知识，从而可以填补历史与档案记录留下的空白，而这恰恰是当地美术馆与图书馆求之不得的。这便是洛特曼在知识领域中的“平行智能”：在对话式不对称中将主观与客观、经验与专长联合起来。

第二，数字故事讲述必须超越自我表达与沟通的功能。数字媒体必须用以产生新的“客观”描述、新的论证（波普尔的消极、可证伪的 [negative or falsifiable] 科学研究方法），以及新式的新闻与新的想象力作品。当然，所有这一切都已经在发生，而且这方面的读者尽可选择自己最喜欢的例子。这里的重点是应当将这些活动一致地理解为知识可能性的拓展，即便其经验上的自我表达是对封闭的

140 专家体系的一种攻击。此前大量被排除在外（或者被忽视）的人们获得解放进入“互联网的自由世界”，如果获得成功并且超越“快来看我”的阶段，就将不仅仅有助于自我表达与沟通，还将有利于开放性创新网络中知识的开发。数字故事讲述便是一项绝佳的活动，可以吸引新的参与者进入这一开放性的网络，并且可以提高数字读写能力与大众专长。或许数字故事讲述正在为下个世纪塑造印刷读写能力早期公共教育的角色——如果不是在塑造公共教育的方法的话。

但是不应当将数字故事讲述本身当作一种目的来看待，就像个人知识不应当被认为是现有专业精英圈子以外的人所应该了解的全部知识。强化大众文化与专家文化之间的壁垒并不是一种进步，用“自我”来替代“科学”也不是进步。那样做的后果便是导致当代社会所面临的种种危机的部分原因。对个人进行培养是大多数人的理想（而那些“知情者”消失到封闭的机构大门后面），但可能导致专家们所谴责的相对主义的种种罪恶，鼓励大众去相信什么都是可以的、知识仅仅是一种观点而已、自我表达是沟通的最高形式，等等。将人们孤立起来的结果便是虽然科学创造了无数奇迹，但普通人却比以往任何时候都更加怀疑科学。正如已故的库尔特·冯内古特（Kurt Vonnegut）曾经所说的那样：“自从在广岛上空投放下去之后，我就开始对真理产生了怀疑。”科学研究的成果不仅在公众舆论的法庭上遭到摒弃或者推延——转基因食品、核能、全球变暖——即便是致力于实现理性与开放社会的基础性努力也正在从内部被复兴的宗教虔诚、以“我”为中心的文化以及恐惧政治（a politics of fear）所削弱。

141 目前真正需要做的不是继续分化“科学”（描述与论证）与“大众文化”（自我表达与沟通），而是寻找途径将两者结合起来。当前，专业科学人士所采纳的方式是缓慢地、清楚地讲话（公众对科学的理解）或者通过名人与大众明星（无偿）进行腹语表演。专家范式仍然存在；或许伴随着越来越多的专家中介被雇佣去“管理”公众知识，专家范式的存在感将更加强烈。

与此同时，在大众文化中，知识一直都在自我增长。尤其是从广播媒体到互动媒体的转变已经普及了自我表达并且使得符号沟通与政治沟通中的整个“代表”大厦变得更加复杂。我们已经不再满足于顺从被代表；我们想要的是直接的声音、直接的行动、富有创意的表达，并且我们愈发想要获得知识。如果延展性与专长的问题能够得到妥善的解决，数字故事讲述能够在这一努力中发挥进步的作用，不是通过迎合抽象的个人存在，也不是通过说服大众去相信他人的专长，而是通过推广个人表达与专长，以便当前从未想过的创新能够在知识增长的过程中产生，并且普通大众能够参与到自我表达同沟通的生活之中，参与到科学、想象力以及新闻的生活之中。

第六章

阅读大众

新闻即人权

“在民主社会里，人人都是新闻工作者。”

——*伊安·哈格里夫斯*（1999：4）

文化研究与新闻学

142　文化研究与新闻学在很多重要的方面是一致的。二者都关注复杂社会中意义如何通过技术得以媒介化。二者都研究庸常的日常生活：新闻业着眼于有报道价值的事件，而文化研究则研究平常的生活体验。二者都显示出解放论的倾向：新闻是自由主义者的现代自由传统的一部分，而文化研究则是围绕关于身份、权利和表征的斗争发展起来的批判性话语的一部分。但是在大学课程的范畴内成长起来的新闻学研究传统更倾向于将新闻学作为工业化和公司化生产模式中的专门职业来研究，而不是将重点放在新闻学在现代社会中的总体目标。（Gans，2004）新闻学研究的文化路径在这一传统中的143　作用微乎其微。事实上有一种倾向，认为文化研究与新闻学二者是势不两立、相互排斥的，尽管（抑或恰恰因为）二者对冲突社会中意义的传播有着共同的兴趣。（Green & Sykes，2004）

本章试图实施并描绘一种新闻学的文化路径。首先论述“文化研究”如何将新闻学作为研究客体。重要的是总体的路径，一种批判性而非量化的路径，而不是任何具体的研究发现。然后本章将演示新闻学的文化路径，提出新闻学应该被视为一种人权而非专业实践。

新闻学的文化路径

20 世纪 60 年代的文化研究是作为一种批判性的知识和教育事业出现的。其宗旨在于批判而非职业，其根基是教学而非研究。作为一种对立的话语，文化研究非致力于完善专业人士的技艺，而是试图赋权于读者和观众而不是新闻工作者。因此，为了新闻行业或新闻机构，或者作为公共关系行业的一部分而开展的新闻学研究不是其首要目的。

英国文化研究（Turner，2002；Lee，2003）直接诞生于一种认识，即现在知识框架，不管是学科的（例如政治学、经济学、社会学抑或是文艺学）还是行动主义者的（如马克思主义），都无法充分解释社会变革如何发生、如何加以鼓励以及对谁有利。现存的框架是建立在经济学和政治学基础之上的，将现代性“主体”的人概括为工人与选民，其解放主义的斗争聚焦于工作场所和选举票箱。前者通过劳工运动和工会主义（经济学）来实现，后者通过议会的工党（政治）来实现。但直到 20 世纪中叶，在两个阵线上的斗争都没能促成预期中的社会改造和大众解放。

144

与此同时，对于文化在社会中发挥何种作用这一问题，为大家认可的种种解释（如文艺学）往往专注于审美问题，对于其在经济和政治发展上的影响力则似乎不置一词。文化被现代主义政治和经济分析人士当成一种附带现象，当成变革的效果而不是原因。现代主义文化理论家则把文化视为当今政治和经济发展潮流的阻力，而非引擎。从以文艺学为基础的视角来看，现代性的“主体”不是工人或选民，而是读者。

对文化的政治—经济路径和文艺—美学路径之间的分野，以体制化的形式表现出来，就是社会科学和人文学科的分隔。需要指出的是，高等教育中的新闻学专业同时在两个学科中存在。早期的学院制的新闻学培训项目大多数是培养文学写作（Hartley，1996：247–8），其目的在于生产职业作家。但现今的新闻学专业则可能放在社会科学院所（介于传播学和商科之间），或者放在政府与政治学相关院系。新闻学研究则是这些学科的衍生品。

同样，文化研究的任务就是要将经济（工人）、政治（选民）和文化（读者）等领域归结为一个连贯的研究对象，探讨文化为何、如何影响经济和政治这两个决定性的领域。如果劳工阶层的行为与其经济政治利益相悖，那么，他们的文化中是存在鼓励因循守旧的因素呢，还是存在推动变革的因素呢？文化究竟是不是动因？（Williams，1961）

145

这时，关心社会变革的文化分析家们才开始仔细研究主体性这个概念，将关注点从工人和选民（或大众）转向以观众这一传播学形式出现的消费者。为了理解发生在工厂门口的，或者以票箱为工具的行动主义为何没有带来社会变革，工业化的传播方式（大众出版、报纸、影院和广播）对大众读者及观众的主体性和意识的影响很快被当成潜在的绊脚石。新闻学自认为自由民主的灯塔。它是否实际上阻碍了被阶级化、种族化、性别化的、被视为“他者”的主体的解放呢？晚间新闻是不是权力和控制的工具？（Hall et al.，1978；Ericson，Baranek & Chan，1987）

新闻学的文化路径关注大众媒介读者和观众的主体性，从而考查作为全球性企业传播机器的新闻媒介在意识形态、政治和经济等方面的影响力。然而，社科—人文这一学科分野这时候又彰显其存在了。这一传播机器的结构性的和机制性的层面——国家、企业和权力精英的运作，在文化产业包括新闻媒介的政治经济学分析中得以研究。有些批评家将政治经济学当成文化研究的任务之一，而其他人则将其视为一种独特的倾向。（Miller ［ed.］，2001）与此同时，文化分析家们则从文艺、语言和符号学的传统出发，考量主体性如何在语言中固化，考量现代社会中的不平等权力关系如何在日常生活中实施，或者如何以大众媒介为载体一天天上演。他们关注社会中意义的生产和传播，从而回答一个问题：如果权力以多种方式使人“屈从”，那么这一过程在传播学上是如何实现的？权力如何通过诸如报纸和电视广播等文本进行传输？对这些问题的思考引发了对包括新闻业在内的媒介文本的“批判性解读”或“去神秘化”实践。（Hartley，1982）因此，新闻学的文化路径从一开始就关注强大的“发言人”（媒体公司、政府部门）与寻求解放的“受众”（观众、读者）之间的文本关系。这种“编码”和“解码”的文本关系（Hall，1973；Hall，Connell & Curti，1977）得以细细考量，以厘清在大规模媒介中意义是如何传递或建构的，支配性的意义有哪些，以及如何解放那些附属性群体，使其不再“屈从”这些支配性的意义。

146

文化研究肇始之初，关注变革中决定性的政治经济因素，尤其突出对社会阶级，特别是劳动阶层的考查。然而，随着时间的推移，文化研究逐渐把视角扩展到性别、民族、种族、原住民、性取向、年龄组，以及围绕音乐（如摩德*，朋克）或者粉丝（如星舰迷）等

* 摩德，英文为Mod，是Modernist或Modism（现代主义）的缩写，起源于二战后的伦敦，是英国20世纪60年代具有代表性的青少年次文化。Mod音乐最初与美国的现代爵士乐有关，但不久又转于舞蹈性较高的R&B（节奏蓝调），对朋克文化和后来的光头党文化有较大的影响。——译者注

品味文化而形成的身份认同。对流行文化的消费者和观众身份的关
147 注在很大程度上建构了被大家所认识的文化研究。新闻学本身并不是其研究对象。然而，在身份政治的语境下，次文化和反主流文化的各种杂志发端，女性主义、反战运动和环保运动等宣称的各种“反公共领域”（Felski，1989）涌现，从而使用户引导的、消费者生成的新闻写作成为重要的论题。

文化研究视野下的新闻学，不是一种职业行当，而是一种意识形态实践。评论家们分析新闻文本（包括图片和新闻报道的各种视听形式）的符号学特征、叙事风格以及其他传播特点，探究其所观察到的政治或者社会影响原因何在，普罗大众拥有或者可以创造哪些资源来抵制这些影响，抑或构建自己的与之不同的影响。在对新闻学的这种考量中，接受与生产的语境被放在同等重要的位置。这种接受的语境被视为一个社群（文化），而不是市场（经济）或选区（政治）。

新闻学的文化路径不是自成体系的学科，也没有约定俗成的方法。其本质是杂糅的、跨学科的，因此这些年来其最显著的特征在于“反思”。简而言之，“反思”就是认识到研究者作一个认知主体，其本身也会有政治立场。的确，这是一种干预主义的分析方式。其支持者们试图改变世界，而不仅止步于认识世界。持这种立场的许多撰稿人试图鼓励人们起身行动。

“人人皆记者”提出的挑战

为了将这样的文化路径以反思的方式付诸实践，并证明自由主义新闻学的普世主义抱负可以同文化研究的解放论主张相结合，本
148 章接下来将讨论《世界人权宣言》第十九条所提出的大胆假设，尤其是其激进的乌托邦式的自由主义观点，亦即“每个人”——毫无

例外！——都不仅有权寻求和接受“信息和思想”的自由，而且有“传递”（传播）这些信息和思想的权利：

> 第十九条：人人有权享有主张和发表意见的自由；此项权利包括持有主张而不受干涉的自由，和通过任何媒介和不论国界寻求、接受和传递消息和思想的自由。（UN，1948）

正如一位有影响的英国记者和主编伊安·哈格里夫斯（Ian Hargreaves）所言：

> 在一个民主社会中，人人皆为新闻人。因为在这种社会中人人有权传播某种事实或观点，而不管该事实和观点是如何琐碎或者丑陋。（Hargreaves，1999：4）

如《世界人权宣言》一样，哈格里夫斯提出的真正挑战，是对整个社会的挑战。同时这也是对新闻人和新闻教育者的挑战，从而也是对新闻学研究的挑战。如果“人人皆记者”，那么新闻如何成为一个职业？如果其指涉的范围是“民主社会的每一个人”，那么新闻学研究就需要拓展自己的视野，改变目前局限于新闻记者或新闻行业的状况。

如果“人人皆记者”，那么文化研究也面临着挑战。因为消费者（阅读大众）转型成了生产者（记者）。当现代性的“阅读大众”（观众或者消费者）转变为全球互动媒介的“书写大众”（用户，“产消者”或者“专业的业余者”）时，情况将会怎样？（Leadbeater & Miller，2004；Bruns，2005）

149

新闻业的部落属性

目前，还没有条件将《世界人权宣言》中所倡导的普遍人权付诸实践，使之成为普罗大众人人可以享有的权利。事实上，新闻记者在代表公众行使这项权利。在代议制民主社会中，我们慢慢习惯了“代议制的新闻”。新闻记者以我们每个人的名义（以公众利益为前提）在行使我们传递思想和信息的权利。犹如代议制政治，新闻已经成为一个日益职业化、公司化和专业化的行当，与公众生活和其代表的业外人群渐行渐远。

贯穿整个现代时期，新闻业在走向成熟的过程中也逐渐发展出一种浓郁的文化，将业内与业外人士割裂开来。的确，他们认为自己有“新闻嗅觉”，对故事有“直觉”，而且好的新闻人是“天生的而非靠后天努力而来的”（Given，1907：148）。与此同时，也有一种怀疑，认为就业内人士的体验而言，新闻更像一种部族，而非人权。事实上，新闻记者开始符合澳大利亚和其他地方在认定原住民身份时所使用的定义：要符合标准，你必须（1）是原住民后裔；（2）认同并以原住民的方式生活；（3）被某一希望承认、保护和传递自己独特文化传统的社群所接纳。（ADAA，1981：8）在新闻记者眼里，他们自己几乎就是一个部族。

将新闻业的“圈内”人和圈外人割裂开来的一个后果，就是新闻学研究一以贯之地将研究视角局限于业内人群。同样地，新闻教育意味着为现有的新闻编辑室培训员工。将新闻作为人权来教育的新闻学院微乎其微。很多人认为，没有在新闻编辑室从事过新闻实践，就没有能力从事新闻行业，也就不应该被容许去培训那些将以新闻作为职业的人。这样，新闻学研究和教育就成了一种有门槛的限制性行业（restrictive practice），旨在将业外人挡在新闻学的大门之外。

150

说到这儿，有人可能要反驳说，这恰恰是非常理想的状态，因为新闻记者就应该按照高标准来培养，而且应该像其他行业如医学和法律一样，入职的门槛应该仅限于让那些能够把活儿干漂亮的人进来。这个论点很有说服力，但遗憾的是，这不仅不符合新闻业在很多国家的现实情况——在有些国家，长相比培训更加重要，而且也不符合很多倡导个人自由和自由民主制的社会的利益。从社会的角度应该反对专业主义，因为把新闻写作限定在一部分人手里，不论他们经过什么样的资格认证，都相当于将表达思想的权利进行特许经营，而这是非常反民主的。在有些国家，培训本身就受到编辑、业主甚至许多高级记者的质疑。对于他们而言，新闻学不是一个专业，而是一门手艺，得在实践中学习。因而，现在仍然可以不经过任何专业培训而做记者工作。与此同时，大多数新闻专业毕业生不再从事新闻工作。从业人员的称职和清楚地了解这个行业的愿望值得称道，却不符合行业本身的现实，也有悖于民主的要求。

151

与此同时，新闻学院自己的客户则展示出不同的可能性。许多本科生将新闻学作为一种新的文科学位，因为这种学位有实践技能，而又与政治和经济的运作密切相关。他们可能无意进入（日益官僚化和无产阶级化的）企业新闻编辑室。他们磨炼一些新闻业的关键技能，而不想真正“成为”新闻记者，因为在他们眼里仿佛每个人都已经是新闻记者了。

新闻是一种过渡形式

针对新闻生产的学术研究遮蔽了一个事实，那就是尽管新闻业历史悠久（约400年），但“我们所认识的”新闻学可能只是一种过渡形式，其赖以创立的技术无法充分发挥新闻的民主潜力，即每个人都有权从事新闻实践。在现代性的机械时期和广播时期，新闻依赖于纸媒或电子媒介的生产技术，为了提升覆盖率和收视（听）率，对资本投资的需求日益膨胀。由此发展起来的一对多的大众传播模式，正是其所声称代表的个体言论自由权利的反面。

如今，现代性的互动阶段在技术上已经成型。毫不奇怪，新闻业成为后广播时代互动媒介的第一批牺牲品。这种互动媒介始于互联网（马特·德拉吉）[1]，随后迅速发展，在各种技术平台上产生了各自用户主导的内容形式，包括电子杂志、博客和埃克索·布伦斯（Axel Bruns，2005）所称的“合作性”网上新闻。新闻学就此从现代的专家系统转型成为当代的开放式创新系统，从“一对多”的传播模式转变为“多对多”的传播模式。

因而，新闻学的部落属性褪色，而作为人权的特质凸显。如果新闻是人权，那么在理论上新闻学就不能再仅仅将其作为一种人人可以上手的手艺来考量，而应该走出民主过程这一模式，将人之所以为人的意义涵盖到新闻学的范畴之内，尤其是私人生活和体验的世界，以及某些特定人群的人性。这些人不是受人待见的性别、种族、民族、年龄群或者经济阶层，也不是公司化新闻媒体的目标人群。在替代性媒体和社会运动媒体上，地下的或者反主流文化的出版物中，在社区广播、粉丝杂志以及主流新闻媒介的文化或娱乐形式——包括时装、生活方式、消费和休闲报道中，这种做法已经得到彻底的演练。（Lumby，1999）这些新闻形式在全世界雇佣很多记者，但在新闻学院中很少被作为新闻学加以提及。在新闻学院中，将新闻视为看门狗、第四权力的观念仍然根深蒂固，人们仍然固守基于第一修正案的新闻学模式，视其为民主进程的体现和代表（Gans，2004），从而对非新闻栏目或者生活方式报道等不屑一顾，将其等同于女性化的消费而嗤之以鼻。

新闻与文化

将新闻作为一种人权，一种实施传播行为的普遍权利，这样的研究路径仍未站稳脚跟。但在一个研究分支中这种视角已经崭露端倪。这类研究将重点放在媒介消费者身上，关注在何种语境下商品形式的新闻进入人们的日常生活并且成为文化。事实上，这正是文化研究最初的切入点（Hoggart，1957；Hall et al.，1978）。新闻学的 153 文化路径始于新闻学变得有意义的时刻。它感兴趣的是，政治经济学、文本系统、文化形式以及观念在意识这一点上汇聚融合的时刻。在这一点上，各种文化认同在符号和经济的种种价值观的聚合体中成型。文化研究试图了解在被文化和社会所认同的语境下，新闻意味着什么？但是在当代社会中（机械—电子的现代性）作为实践的新闻学与作为意义的新闻学是被分割开来的。因此一直存在着一种学术上的分工，新闻学研究专注于生产者或实践（公共事务），文化研究则专注于消费者和意义（私人生活），而且两个学科都对一个事实不多着笔墨，即新闻的实践与意义应该被理解为一个研究客体。

在文化研究理论中，消费者不是消极的，也不是行为研究的对象。和新闻记者一样，他们是能动者（agent）。事实上他们的意义建构行为正是新闻学作为一种社会事业的意义所在。这些建构行为从解码开始，可能以票箱、讨价还价或者路障为终点。每个人的立场都是结构性的（structural），并且在许多方面受到制约。但同时也是有创造力和生产力的，能发挥能动作用的。它是行动而不是行为。在这儿，在一种文化语境下，可以发现被权力制约的行动，发现人们在日常生活中使用阶级化、种族化、性别化的、由社会经济因素所塑形的主体性来建构意义。因而新闻学的文化路径是从价值链的“错误”一端提出问题的。它不是从起始端——企业化新闻的所有权、生产或者著作权开始研究，而往往是从新闻的接受端开始研究， 154

将新闻媒介的读者（听众）或者消费者视为文化的一部分。从这一文化的视角看，消费者可以被视为多媒体时代的“阅读大众”，是前现代时期“文人共和国”（republic of letters）的继任者。（Hartley，2004a，2004b）他们并不是市场营销、媒介或者政治竞选活动的消极受众。在文化研究中，普罗大众与新闻和媒介的互动被放在庸常生活的韵律和“私人政治”中加以考量，以研究现代社会中意义建构和身份形成的人类学过程，包括文化抗争和身份政治。这些内容在主流媒体都甚少提及，更遑论新闻学院了。

人人皆记者

联合国的人权宣言将新闻作为一种人权，令人鼓舞。但这更多的是对行动的呼吁而非对事实的描述。新闻即人权，代表的是一种理想的自由主义的民主政治形式。这种理想如果要有任何实际意义，就必须加以捍卫、弘扬并付诸实践。如原住民律师米克·多德森（Mick Dodson，1994）在提到土著民族自决权利的时候说：“在现实政治的世界里，某项权利的存在本身，甚至法律的认可都不足以保证该项权利得以实现。”自1644年密尔顿出版《论出版自由》（*Milton*，*Aeropagitica*）以来，新闻领域很多最具进步意义的重要创举，都是由坚信新闻即人权的人们通过实践来实现的。他们未经许可，就开始出版期刊。从这个意义上说，新闻的历史就是在以话语和实践的方式行使这项权利的过程中积累的成果。但有许多力量或者权力在限制《世界人权宣言》的实现。这些力量包括当代新闻。从这个角度看，当代新闻业是实现新闻理想的绊脚石。

155

新闻学的专业实践有其历史和政治上的重要性，却不能因此用它来定义新闻学。因为如果人人都是记者，那么新闻理论就不能建立在新闻的专业生产、产业组织（包括所有权和控制）和文本形式

（从新闻到公关）上，甚至不能建立在新闻的接受上，因为这些都不是最核心的。这些方面都存在着相关性，但他们不是民主社会中新闻的生产力所在。别的不说，新闻的职业化本身就是一种限制性的做法，旨在造成工作人员短缺，因而有利于已经入行的那一部分人。

- 媒介产业化使得能对整个社会发声的人仅限于负担得起“大众”媒体入场券的一小部分人。
- 作为一个沉淀了几个世纪的规矩与实践的文本系统，新闻学已经带上了一些普遍性的特征，强力地将许多表达形式排除在新闻学的范畴之外。
- 媒介的监管对新闻学进行了矫正和保护，但也限制了新闻学的发展，如禁止不当言论和淫秽内容，或者保护特殊人群和少数族裔免受某些观点的影响。如果法律认为有些观点过于丑陋，可以禁止其在新闻里出现。
- 表达观点或获取信息的权利往往被权力所制约。在现实生活中这种权利对不同性别、阶级、种族和年龄群体等并非一视同仁。“民主均等的逻辑”（logic of democratic equivalence）可能会鼓舞以各种社会运动的形式起来抗争，使这项权利惠及妇女、工人、有色人种、儿童及其他人，但事实上普遍人权从来没有实现过。即使小小的进步也需要抗争，需要有人领导。

156

不少企业家因为扩大了媒介传播的范围、效率和生产力而成就了事业，创造了财富，有些则行使了政治和文化权力。这些成就——有些甚至大到建立了媒体帝国——不应该被排除在新闻学理论之外，但也绝不能成为新闻学的根基。另外一种观点正在日益盛行，看看现在个人新闻（博客）和搜索引擎新闻（谷歌新闻）的兴起，受商业左右的新闻学模式可能已经到了被取而代之的时候。

全民书写运动

观点和信息只有在公众中散发才能成为新闻。而观点和信息的“传递”需要媒介技术和识字的阅读大众，这就是为何新闻是一个现代现象，在前现代社会中闻所未闻。在历史上，与联合国《世界人权宣言》恰恰相反，获取新闻的渠道，甚至识字能力都不是普及的。而现代大众媒介，无论是纸媒还是广播，都能非常有效率地将民众聚集于纸张和屏幕，开展“阅读”活动。这样，在旧的民主社会中每个人多多少少都接触过新闻。当然，在新闻学实践的普及度上，大众媒介就没那么成功了。现代性对于大多数公民来说，是一个“只读不写”的，而不是“读写并用”的时代。仅仅考量这个问题就足以显示联合国《世界人权宣言》是多么的重要，因为它清楚地表明了——正如哈贝马斯所说的——现代性仍然是一个未竟的事业，仍然需要努力将新闻学的实践普及至“每个人”。然而，如果要做到这一点，哪怕是想象，那么我们所惯常理解的新闻学就会截然不同。因而新闻学研究必须回顾历史，研究“每个人”是如何——或者没有——被带入信息和观点的公共域的，考量“每个人”必须排定座次才能行使传播权利的文化。新闻学研究必须探究民主社会和民主化社会中公共信息和观点的用途。

157

阅读大众（reading public）或者“文人共和国”是新闻学早期的伟大创举之一，跨越了处于现代化的18世纪中的以约翰逊（Johnson）、埃迪逊（Addison）和汤姆·佩恩（Tom Paine）为代表的几个时代。（Hartley，1996，2004b）在走向工业化的19世纪，阅读普及至更加广泛的大众。在这样的语境下，以理查德·霍加特1957年出版《读写能力的用途》为标志，文化研究应运而生。该书的研究对象，正是阅读大众。而此时，阅读群体已经普及化，而信息媒介也已经普及成了大众娱乐。自此，文化研究把视线聚焦于媒介生产成为沟通和文化的那一刻：即在庸常生活的种种情境中，媒介为人使用的时刻。

多媒体阅读大众是通往“读写并用”道路的中继站（Rettberg，2008），这一观点到了该被正名的时候了。简而言之，考虑“书写大众”的时机已经成熟。新闻学关注民主进程，事实报道和引人入胜的故事，而文化研究关注权力、生活体验或庸常生活语境中批判性的行动主义。二者的结合将有可能实现新闻学研究的再造，从而更好地研究“书写大众”这一课题。 158

全球化与编修型社会

一个尚待解答的疑问是，没有阅读大众在一旁俯身倾听，实现“传递”信息的权利可能就无从谈起，因为在某些表达形式中，更多人倾向于书写而不是阅读。如果人人都在诉说，那么什么人在倾听，又用什么在倾听呢？这一疑问可以在另外一个问题中找到答案。这就是创造性编辑或“编修”（redaction）：一种正在迅速定义我们这个时代艺术形式的新闻学实践。在我的理论中，当代社会就是一个“编修型”社会。例如，媒介的编辑实践可能显示出对文化以及文化中不同群体的某些预设，从而可以推断出意义从何而来，解释从商业领袖、名人到外国人和土著青年等不同身份的人为何待遇迥异。从这些研究中推而广之，在“编修型社会”中（redactional society），编辑实践（*editorial practice*）决定人们观念中的真假，从而决定该推行哪些措施，持什么信念，当代社会中以何为美（比如，有创意，艺术味儿，性感，深色皮肤，好玩，酷，新颖或者另类）以及欲望如何因此排定座次。这种情形源于20世纪晚期经济和技术因素的融合，即媒介和娱乐内容的全球化和互动传播技术大规模应用的发端。编辑实践必须将丰裕而又繁杂得令人发怵的各种内容条分缕析，打 159

包交给用户，包括个人、企业，甚至是国家。

这涉及一个更大层面的判断，即在意义的“价值链”上正在发生长期性的变化。被社会所接纳的意义的来源——因而也是正当性的来源——正在慢慢从作者（中世纪），经过文本（现代世界），转移到了消费者（现在）身上。在中世纪，上帝是意义的来源，是终极权威。在现代，意义被溯源至实证物品或者文件，至可供观察的证据。但现在，意义由大众读者群或者观众产生，并经票选（plebiscite）决定。（Hartley，2008a）

在当代社会，价值观、真理和意义已经碎片化。在构成一个国家或市场的独立自主的公民和消费者中，观念各有不同。没有明确或约定俗成的机制（权威）来决定什么应该占上风，只能用数字说话。因而，设计周全的各种机制出现了，将意义的各种千姿百态的来源规模化，并扩散至公共的媒介化的生活的许多领域。这些机制包括编修和票选。编修是编辑的一种艺术形式，是将现有的材料聚拢，创造新的形式。新闻学已经从新闻采集转变成编修了：新闻记者的一项主要工作是筛选现有数据，为读者找出其间意义，而不是生成新的信息。这一过程在谷歌新闻中显而易见。谷歌将成千上万个新闻网站编辑成一个网站，将世界各地的头条新闻通过算法（不是通过记者，而是一种自动化的票选机制）按照互联网上引用的次数和时效性（新闻价值）进行排名。

160

数字内容消费的全球化也意味着我们进入了一个“人人皆记者”或可以成为记者的社会。他们不仅可以通过电子邮件、博客、网站、短信等读写媒介形式表达看法 / 传递信息，他们的观点也可以被采集和加工成集体的形式，从天空新闻（Sky News）中的每日一问到BBC等媒体公司组织的“最佳……”选拔类节目。

同时，新闻学开疆拓土，几乎已经面目全非，难觅新闻的影子了。新闻学不再局限于调查政治弊病，政府及企业决策，或者体育和娱乐领域的成就，非新闻的发展迅速超越了作为母体的新闻产业。企业传播、公关和市场营销已经成为新闻记者的惯常工作，而且被当作新闻来运作。时装、旅游、名人、美容和生活方式等类型的电视节目，成了有抱负的新闻人最艳羡的工作，也是最受喜爱的大众文化形式。杂志比报纸更有活力，而报纸也开始向杂志靠拢，至少周末版是这样。专门领域的信息交流，曾经是杂志的传统领地，现在已经转移到网络上。无论什么专门领域（比如系谱学）都有海量的信息，从而催生出很多新的导航类网站和杂志。简而言之，一个人人都是记者的社会已经可以想象，无论人们的实践是直接的，还是通过某种票选或者编修形式的代表而被取样或混搭（mashed-up）。这个领域是新闻学理论需要研究的。

161

问题接踵而至，全都有益于进一步的研究而且都是值得深入研究的课题，尤其对于那些已经对新闻学产生职业兴趣的人：

1. 如何**行使**书写的权利？这关涉新媒介中的诸多读写能力问题，而且不仅是专门技能，还是一系列创造性能力的问题。这些问题超越了自我表达，上升到传播、客观描述和论述，从而把读写能力从“只读不写”扩展为“读写并用”。
2. 如何**组织**和编辑数以亿计的书写页面？这不仅仅涉及技术层面的问题，如扩展性、数据挖掘和存档，还涉及更深层次的问题，即如何为既生产又消费的媒介饱和的人群编辑页面？在“注意力经济”时代，这些编修方面的问题亟待解答。（Lanham，2006）
3. 如何将实施和观点回过来“呈现”给社会？这涉及观点如何被放大的问题，从而也是票选的问题。
4. 如何**说真话**，如何判断说的是真话？这涉及传播伦理的问题。
5. 如何将一个**阶层化社会**中的“顶层”和“底层”**聚拢起来**？在言说重于理解（众生喧哗重于权威智慧）的语境里，需要研究读者的实践。

6. 如何**鉴定品质**？在一个人人都是记者的时代，金子在哪儿，怎么冒出来？这提出了新闻作为文本体验对读者的吸引力和可传播性的问题，也就是我们曾经称作“文学性”的东西。好的新闻有什么品质，如何才能推而广之？

162

如果人人都是记者，那么每个人都不仅仅有表达的权利，而且有传递信息和自己观点的权利，即使这些观点被他人视为有害的、“丑陋的”，或者是执迷不悟的。（Hargreaves，1999）所谓的“用户引导的创新”将重塑新闻学，使其更加接近于自己的远大理想，成为人人可享有的权利。新闻学将会被重塑，但如果从现在新闻学院和新闻学研究的所作所为来看，最晚意识到这一点的可能正是职业新闻人。

第七章

作为消费者创业精神的时装

中国的新兴风险文化，社会网络市场和《Vogue》杂志

与梦露茜（Lucy Montgomery）合著[1]

“无论何时，都要说人们愿意听的，然后做你想做的。”

——帕丽斯·希尔顿（2004）[2]

浪费——还是财富？

163

托斯坦·凡勃伦（Thorstein Veblen）是第一批提出演化论经济学理论的现代作家（Veblen，1899；Carter，2003：51）。为了说明自己的经济学原则，他分析“礼节性的”（honorific）服饰（即时装）与“实用的”（useful）衣着之间的差异。与马克思不同，他在消费而不是生产中寻求对经济的解释，在富裕的“有闲阶级”以及其他卷入现代“关联的生活”中的各种阶级中存在的选择、关系、竞争和层级的系统性模式中寻求解释。服饰（与衣服相对）在历史上是作为财富的表达而不断进化的：

> 在服装进化的肇始阶段，其发展的路线是从简单的从无到有的个人附属品装饰，到复杂的取悦于人的，或者说让人羡慕的装饰……顺着后一条线路服装后来进化成了服饰……构成作为经济事实的服饰的，而可以恰当地用经济理论来解释的，是其作为穿着者财富指标的功能。（Veblen，1964：65）

164

如果时装是财富的指标，那么它需要一个凡勃伦称为“招人嫉恨的差别”或比较的系统（Carter，2003：52）以及一个全社会的表达方式，既包括服饰本身（服饰是金钱价值观的“纸币”）又包括时装标识得以流通的公共媒介，如时装杂志。时装和时装媒体是地位、等级和个人比较优势赖以社会网络化和传播的方式。（Potts et al.，2008）每个个体的时装选择、穿着搭配和个人“外表”都富于信息。这一信息不仅表达自己的选择（显示个性的时装），也显示系统中其他人的选择（作为模仿的时装）。这样一个系统在范围和时间上都是极为灵活和复杂的。正如巴特（Barthes）第一个指出的，通过服饰来传播的意义及其结构犹如语言，而时装可以生成精致的“文本”和极为细致的区别。而且，由于整体系统都是建立在个人选择之上的——而这种选择又发生在一个自己的选择取决于他人选择的系统里——社会关系网络的定义即在此，这个系统必然是动态的，不断变化的，建立在新式基础之上的。这些本身并不具有严格的经济学上的意义；这是理查德·兰汉姆（Richard Lanham，2006）称之为“注意力经济”的东西。

在《财富的起源》（*The Origin of Weath*）一书中，埃里克·拜因霍克（Eric Beinhocker）提出，时装设计是一个进化过程，包括反复地“差别化……选择……以及将成功的设计放大或者升级至过程的下一阶段”。这一过程发生在一个由设计师、服装公司、零售商和消费者组成的社会网络中。“你的衬衫不是设计出来的，而是进化的结

165

果。”（14–15）时装业经历这样一个看上去浪费的过程，其原因在于服装是否符合目的，是无法预测的：

> 你的衬衫是进化而来，而非设计来的，其原因在于，没有人可以准确预测，在无穷多的可能的衬衫设计方案中你会想要哪一种……我们的目的性、理性和创造力作为经济的一种推动力当然重要，但他们的重要性是作为**一个大的进化过程的一部分**来体现的。（强调为原文所加）

一件衣服的进化——一个通过试错来起作用的设计过程——要取得成功，必须找到足够的购买者（或者仰慕者）来证明它值得生产（或者媒介化）。这是通过市场来协调的。在市场中，设计者、制造者和零售商的努力最终都要面对有风险的选择时刻：决定性的时刻。

学习机构：时装媒介

可以说，无论买家还是卖家都不是“赤身裸体地”进入讨价还价的过程的。双方都试图依靠信息减少不确定性和风险。供给方使用营销技巧找出你可能作出的选择，同时消费者则已经搜寻信息，来减少个人在时装上的失误，或者获得比较优势，知道在某一价位上的热门或者合算之选。也就是说，这不完全是权力把握在卖方手里的非对称性关系。狡猾的消费者可能在时装文化上有大量的“文化资本”，从而可以带入购物的体验中。而且，在密集的城市环境里，这种资本可以在人群中广泛分布，从而形成一种普遍的、常常高度发达的“创意鉴赏力”，它能鉴别特定选择、搭配和用途的意义。

166

使这些信息得以分享、重要的学习和反馈得以显性化的地方，就是时尚杂志。而其中最经典的形式仍然是“有光纸印刷的”服装杂志，尽管在其他平台上也有很多重大的创新，如电视上的时装建议秀（如特里尼与苏珊娜的《着装禁忌》以及《天桥骄子》）和互联网上的时装网站。但像《Vogue》杂志这样的时装“圣经”几十年来一直是品位的公断人：他们实实在在地在视觉上代表着有时装意识的社会网络的选择。

不一定会有足够多的人们（选择）在一件服装、一个设计师或者一个“式样上”的趋同，从而可以进行规模化生产。同样，一件衣服或者一个系列也不一定足够新颖和别致，使得消费者愿意购买。《Vogue》杂志和它的竞争者存在的价值，就是帮助将创新（新颖性的时装价值）与模仿（复制具有市场价值）融合起来，这是个很复杂的工作。模仿虽然与创新对立，但在任何的社会网络市场，却和创新同样重要。你希望自己的选择反映系统中最高等级的价值，这需要引领潮流的人进行模仿，无论这些人是时尚达人还是名人。但是你希望自己的选择是独一无二的，这就需要新颖性和创新持续不断地通过你购买的服装来表现。时装媒体存在于创新与模仿的张力之间，是消费者和生产者的学习和反馈机制，因而也是新涌现的价值观（经济的或符号的）的生产性过程不可或缺的部分。时装媒体描绘时装系统中联系行动者（agent）和企业之间的社会网络的图谱，告诉行动者如何在那个网络中穿行，追求个人的符合“礼节性”地位的选择。

167

时装和现代性：中国款式

《Vogue》杂志的推出将中国与国际时装体系更加紧密地联系在一起，为中国时尚出版界的摄影、风格和设计设定了新的标准，是中国时装和时装媒介发展中的引爆点。中文版《Vogue》杂志的推出同时也反映了中国时装和奢侈品消费额的增长，是时装价值观和消费文化在中国进一步发展的重要催化剂。时尚杂志出版业的发展映照了党的十一届三中全会以来中国社会发生的深层次的变革。与现代化、经济改革和对外开放如影随形的，是中国消费者时装意识和时装价值观的发展。用著名摄影师卡蒂埃－布列松（Cartier-Bresson）的话说：中文版《Vogue》杂志的推出可以理解为一个“决定性时刻”。一方面是读者对时尚映象和与国际时尚潮流有关的信息的渴望；另一方面是广告商和时尚专业人士希望有一份可靠的、高品质的、能够与消费者建立联系从而将中国紧紧地带入时装生产和消费的国际网络中的出版物。在这一时刻，这两种需求汇合在了一起。

168

尽管在中国历史上时装与政治文化的紧密联系显而易见，但极少有研究者利用这些非常丰富的文化器物，包括时装杂志。如胡碧薇（Beverley Hooper）所哀叹的：

> 在别的社会中，很少有（像中国这样）服装成为一个国家的政治文化的重要符号的。然而，除了西方新闻记者零零星星的提到毛泽东时代中国的“蓝色蚂蚁”和近些年来的迷你裙和化妆品之外，对这些东西的利用极为罕见。（Hooper，1994a：164）

迈克·达顿（Michael Dutton，1998）提出，西式时装在中国的出现往往被外界观察家误解为中国消费者个人主义和自由意识日益浓厚的信号。达顿认为，中国当代消费者的时装文化并不意味着“现代的个体化的政治主体”的兴起（275），而仅仅是大规模生产和自由经济改革语境下集体主义价值观的重塑。

> 在中国，尤其对中产阶级而言，时装常常被重新编码，来推动一种集体主义而非个人主义的思潮。仿佛意识到我们生活在大规模生产和消费的时代，中国许多消费者并没有个人主义

的理念。而在西方，即使是最大量生产的时装生存，也是以这
169 种理念为基础的。对中国人而言，时装被构建成为凸显成功的标志，而不是彰显个性的工具。（275）

达顿特别描述了中年时装消费者的消费倾向。他们对时装的选择是建立在多数人的服装选择之上，并将“明智的”选择与“流行的”选择联系起来。达顿含蓄地指出，中国特有的随大流的愿望仍然存在：

是否作出正确的选择，成为佐证成功的一种方式。成功意味着选择一件别人也穿着的大衣。看到别人穿同样的大衣、西装、裤子或者衬衫在社交上不是丢脸的事，而是智慧与财富的标志。聪明的选择意味着作出“流行的选择”。至少从这一点上，时装是个更广、更深、更加无意识的集体自我的化身。（275）

达顿讨论“时装宣言”，是为了说明，对“西方消费个人主义”最显而易见的有说服力的标志不能照单全收。现有的中国价值观和习惯仍占主导地位，而经济改革也未必是“现代个人主义化的政治主体的先声”（274）。然而，对这种现象没必要采取种族中心主义的解读，因为达顿准确描述的不是中国集体精神的秘密，而是社会网络市场的运行方式。无论是在中国还是西方，这种现象都可以在消费者和生产者中轻易找到。

对西方的时装历史作更进一步的研究，可以发现，时装价值观
170 的形成比达顿的评论所显示的要复杂得多。尽管很难证明时装导致了欧洲现代性和民主得以发生的社会的和观念的更替，但是人们的穿着选择与他们对自己和社会的看法这二者的关系却有很多记载（Lipovetsky，1991；Carter，2003；Breward，2000）。事实上，没有

哪个国家在实现经济或者政体现代化而不同时在着装上发生改变的，或者说其媒体不散播与这些变化及其意义有关的信息和反馈的。任何地方的现代性都同时是精神的和身体的体验。如吉尔·利波维茨基（Gilles Lipovetsky，1991）所言，一种时装文化的兴起与社会的深层次变革是紧密相连的：当代人（而不是传统的权威）的品位和观点对举止是否得体的判断，以及将变化作为积极力量的观念。

> 对变化的喜爱和当代人的决定性影响力是统领时装各个时代的两条主要原则。二者都包含对先辈传统的贬低以及当今社会规范的美化倾向。时装在历史上发挥如此激进的作用，原因在于它从本质上创立了一个现代的社会系统，摆脱了过去对它的桎梏。（23）

利波维茨基没有将原因归于“集体主义的风气”而是其对立面：“对变化的喜爱”以及脱离了“过去的桎梏”。他考虑到了“当代人的决定性影响力”，但并没有将这种决定作用简而化之为任何单独“风气”；因而，他对时装的现代化力量的概念化恰恰非常准确地描述了社会网络市场的出现过程。

李小平（Li Xiaoping，1998）对中国社会现代化和中国新时装体系出现二者之间的关系作出了评论。李认为，毛泽东去世后时装意识的觉醒反映出中国在其抱负上的重要变化，以及与日俱增的与国际社会的连接感：

171

> 现代化成为中国新时装体系发展的主要推动力。事实上，时装这一中文术语一直意味着现代，与服饰一词有非常清晰的区别。后者指的是帝国时期以及少数民族的服装风格。将中国与外面世界联系起来的是时装而不是服饰。如果服饰指向传统

和过去的话，那么时装则与国际化和现代化紧密相连。（75）

根据李小平的观点："从一开始，中国的现代化就包含着'新'女性或者'现代女性的'构建。"李认为，时装和流行文化构成女性特征的一个主要领域，不仅提供了身体装饰的新形式，也为中国女性提供了新的榜样：

> 重新构建的"摩登女郎"显示出审美价值和身体技巧如何为全球消费资本主义所重构。这同时给历史真实想象和增加了一个新的维度：女性身体如今成了政党政治、消费资本主义和父权制各领风骚的场所。（71）

在现代媒介和影像传播全球化的年代，中国所加入的时装世界不再是一个通过自己左邻右舍或者同代人穿着来获知时尚潮流的世界。到1976年时，获得时装款式和生活方式已经成为全球时装体系的重要组成部分。由于几乎无法获得世界其他地区时装业和流行媒介生产的影像，中国新涌现的时装生产者和消费者都无所事事。

172

> ……很明显的是，在20世纪80年代初中国新时装的词汇与西方时装业几乎毫无共同点。将60年代和70年代流行的军装和50年代裙子和正装的款式略作改动，颜色略微鲜亮一点，就是时装了。经历了几十年政府对身体行为的监控之后，无论是国有的服装业还是私人裁缝都缺乏经验和想象力，无法别出心裁。个人对衣物选择和搭配技巧的实验显示出新时代自由的大氛围中有了更大的创造力，但这种创造力由于缺少审美的和物质的资源而大打折扣。（Li，1998：75）

生产者和消费者共享的“审美资源”，是现代时装业的关键组成部分。他们为消费者提供时装的各种模式，为现有各种选择提供了一个正在徐徐展开的意象库；为生产者（设计师、制造商和零售商）提供展示最新款式的机会；为审美专业人士（摄影师、造型师和模特）提供充实自己业务能力、联系观众的机会。时装品牌利用杂志作为舞台，传播自己不遗余力维护的精雕细琢的品牌形象。设计师、时装买家和时装造型师依靠时装媒介来获取灵感、了解其他人在生产哪些产品、创作审美形象。如时装理论家伊丽莎白·威尔逊（Elizabeth Wilson）所述，对于消费者而言，时装杂志提供了一个走向“奇妙系统”的入口：

173

> 自19世纪晚期以来，语言和形象越来越推动风格的普及。欲望的各种形象不断得以传播。慢慢地，个人购买的不仅是物件也是形象。时装是一个奇妙的系统，我们翻阅时装杂志所看到的是“模样”。如同广告，女性杂志已经从说教走向幻觉。最初其目的在于提供信息，但今天在流行媒体和广告中所看到的是一种存在方式的幻景，而我们所涉身其间的不再只是相对简单的直接模仿的过程，而是一个不太自觉的认同的过程。（Breward，2000：29）

威尔逊对“说教”和“幻觉”、“模仿”与“认同”或者“物件”与“意象”的区分，是另一种表达“仪式性”与“实用性”这两种对立的服装价值的方式。她认为，随着时间的推移，对立的一端会向另一端转变。然而，如果把它看作是一种注意力经济学（Lanham，2006）所固有的“内容”与“风格”之间不断摇摆的“曲柄杠杆”机制，可能更为准确。构成时装这一“奇妙系统”的，既有布料纤维，也有词语、影像、欲望和选择。这是一个精妙的意义系统。在此间，行动者（agent）和企业能将他们个体的“模样”与其他人联系起来，并同时加以区分。

174 中国市场经济的发展，为服装和美容产品的营销与消费提供了新的语境（Hooper，1994b）。尤其对于女性而言，这种经济发展既提供了通过发型和衣物表达自我的新的自由，也提供了购买琳琅满目的新奇物品的物质条件。在一个高度发达的、商业驱动的时装世界里，时装反映着现代消费者的梦想、欲望和情感。选择不同的设计师或者品牌，让个人可以认同品牌所标榜的价值观，利用设计师和品牌创造的形象来构建自己的身份：

> 比如说，现代主义者［代表人物包括吉尔·桑达（Jil Sander）］与性机器们［汤姆·福特（Tom Ford）之于古奇（Gucci）］是完全不同的两类人。叛逆者们［亚历山大·麦昆（Alexander McQueen）］可以简单地与浪漫主义者［约翰·加利亚诺（John Galliano）］区别开来。这不是社会经济地位或者年龄的问题。地位象征派的信奉者们［马克·雅可布（Marc Jacobs）之于路易·威登（Louis Vuitton）］与艺术先锋派［川久保玲（Rei Kawa Kubo 之于 CdG*］的成员们相比说不上谁钱多谁钱少，但他们的确有着完全不同的价值观和生活方式。（Steele，2000：7）

现代时装业建立在一种共同的视觉的有想象力的语言基础之上。商业时装媒介为生产者和消费者提供不断更新的、精挑细选的形象与概念——这是时装业共同语言的一部分，从而在现代时装业的形成过程中发挥关键的教育作用。因此，中国国内时装媒介的兴起，是鉴赏力、技能和感觉力发展的重要一步。有了鉴赏力、技能和感觉力的

---

* Comme des Garcons，法语，意思是“像小男孩一样”，简称“CdG”。——译者注

发展，中国可以开始生产和出口时装，而不再是简单的进口和消费。 175

《Vogue》在中国：呈现风险文化

20 世纪 80 年代末国内杂志行业的兴起为本土编辑、造型师、摄影师和模特创造了非常重要的机会。这一行业现状已经很拥挤了，很多本土杂志并不赚钱。但时装出版业本身是一个重要的创意产业，其发展正在为中国新涌现的“创意阶层”提供新的机会。

2005 年 8 月，《Vogue》杂志推出了期待已久的中文版（Danwei，2005）。媒体对《Vogue》杂志的出版商康泰纳仕出版集团（Condé Nast International Ltd）主席蒋纽颢（Jonathan Newhouse）进行了报道：

> “中国市场与我们在世界任何别的地方所见的都不一样，可能永远也不会一样。”康泰纳仕出版集团主席蒋纽颢如是说。康泰纳仕是《Vogue》、《绅士季刊》、《名利场》、《家园》、《魅力》和《纽约客》等杂志的出版商。一般而言，存在先发优势。但对于《Vogue》而言则并非如此。“《Vogue》着眼市场的最高端，”蒋纽颢说，“因此，无论在哪个市场，《Vogue》都不是先行者。《Vogue》等待时机，直到某个市场和其消费者都发展到一定程度为止。”（Zhao，2005）

该则报道（Zhao，2005）还引用了中国期刊协会会长张伯海的观点。“中国大多数期刊的品质都难如人意，”他说，“越来越多的国际期刊进入市场，他们的压力很大。从某种意义上说，这也促使国内期刊提升自己。”各种力量结合在一起——有利可图的广告市场、 176
“发展到一定程度的”消费者以及本土竞争力孱弱——为一个真正意

义上的“决定性时刻”铺平了道路。《Vogue》杂志最终出现在中国东部沿海城市的街头，将其发行目标定在30万份。

对于那些对时装媒体不熟悉的人来说，《Vogue》的品牌领导力所出何因，往往不是显而易见的。作为一部全球时尚“圣经”意味着什么？它广受推崇的文字想要灌输什么信息？如何灌输？首先，据《Vogue》杂志中文版的主编张宇称，《Vogue》专注于“时装、美容、艺术和时尚生活方式”（Cheung，2005：114）。在一个高度差异化的市场，其他杂志，比如《都市时尚》，也会做成“自助式的”或者“流行疗法”手册，针对个人问题、性征、身份形成以及职业焦虑等。然而《Vogue》代表着一种“美好生活”话语的当代版本。在19世纪的欧洲和美国，这种话语从哲学中溢出，进入家政管理和饮食口味的书籍之中。《Vogue》提供了一个完整的女人“形象”（伊丽莎白·威尔逊意义上的）：它的时装书页是“女人的画像”，而非服装目录；它的信息、旅行和时尚栏目都是“美好生活”这一主题的不同侧面。简而言之，《Vogue》直接宣扬“礼节性”而不是“实用性”的价值。这些价值处于世界时装社会网络之中，而不是聚焦于读者的自我形象之上。

从凡勃伦的意义上说，《Vogue》对奢华的喜好毫无疑问是浪费的。在姑且称为“风险文化”的体系中推动竞争性地位的是一个总的象征差异系统。从这个系统来看，《Vogue》的喜好却绝不是毫无用处的。而且，《Vogue》并不要求读者作出实用主义的回应，也并不直接煽动读者消费（“买这件长衣吧！”）。当然，让《Vogue》首推某件衣服和某个品牌，其商业价值不容低估。然而，《Vogue》的吸引力不是这种“物质上的”。相反，对于读者而言其作用在于彰显——真正意义上的，在不同场景中的女人的身体上——左右一些人的形象的可能性。这些人生活在具有占有欲的个人主义的地位竞争、不确定性、风险和变化之中。《Vogue》的“视角”页面上那些

177

兴高采烈招摇阔步的美女们是风险文化的化身。之所以需要读者群达到“一定的发展水平”，是因为需要他们能同时实现经济上和符号学上的富足。“敏锐的读者”需要能理解模仿与创新之间的张力，需要理解展示在他们面前的不是购买指令，而是选择作用的影像化结果。

时装本身是风险文化的体现。设计师和时装屋（品牌）一季接着一季坚持不懈地生产新颖性和原创性。娱乐圈和艺术家、富裕家庭和靠祖辈财产荫庇的贵族，本身就是高端的风险文化“投资者”。他们在这一行业涉入很深，有的担任创意和品牌营销职务，有的则作为偶像的或者“巅峰级”的消费者。同时，压力也“自下”而来（街头时装，流行文化，更年轻的模特，新设计师，造型师或者摄影师，热得发烫的名人，或者说对当前现实的未来选择的压力），作为一种形式的“创造性破坏”为所有参与者更新整个系统。时装媒体传播坚持不懈的创造性革新和源源不断的风险文化新知识的魅力，所指向的人群不限于那些活跃在圈子内的人，而是更为广泛的“阅读大众”。每一次时装的流行都是“诗意的”（poetic，“诗歌”［*poïesis*］的原意为“重做”），同时改变和延续它所呈现的世界。

178

《Vogue》杂志中文版的创刊号实现了时装历史、新模样和中国读者的融合。为了实现这一目标，杂志小心翼翼地呈现了一个在华“外资”典型模式的视觉化版本——与本土公司合资，外资不单独控股。在创刊号中，每一个专栏都非常圆滑地提供中国的维度，而不是简单地将世界时装的果实作为纯粹的舶来品进行展示。张宇在编语中（《Vogue》杂志中文版《服饰与美容》2005年9月刊，第38页）设定了基调：塞西尔·比顿（Cecil Beaton）1941年拍摄的一份摄影作品与当期杂志主推的四名当代中国设计师的作品略图并列在了一起。在塞西尔·比顿的作品中，一个女人在眺望一幢因战争而支离破碎的建筑物。作品的标题写道：“时装不可摧毁”。比顿是一个不错的选择。他是时装摄影的老前辈，与《Vogue》有着50年的联系。他是《窈窕淑女》和《琪琪》这两部奥斯卡获奖影片的设计师。比顿还是一个纪录片摄影师。他曾经承担一份工作，于1944年创作一幅饱受战火的中国的摄影肖像画（Beaton，1991）。这样，西方时装历史中的最具传奇色彩的人物竟然有“中国特色”。对于中国当代读者而言，其间的信息是清晰不过的：中国可以从时装毁灭的时代中走出来，重拾史诗般的过去，构建自己的时装未来。中国的时装未来由中国的设计师来代表，包括王一扬、胡蓉、张达和王巍（*Vogue* China，September 2005：140–7）。

179

创刊号中最得体之处也许体现在最具风险的地方——封面，以及封页内的主推时装套图。在此，《Vogue》杂志使用了大张折页封面，展示了六位模特。名列其中的有吉玛·沃德（2005年无可争议的国际“脸孔”），其他五位都是中国人，为首的是杜鹃和王雯琴。借此《Vogue》避开了展示一位西方模特还是本土模特这一敏感问题。这些模特还出现在主打的时装专栏中。这一专栏名为《上海日记》（282–309），由《Vogue》杂志法国版主编卡琳·洛菲德（Carine Roitfeld）造型，国际知名摄影师帕特里克·德马舍利耶（Patrick Demarchelier）摄影。在专栏的扉页照上，沃德和杜鹃穿着一模一样的普拉达套装。其后则由沃德主导了舞台，全部穿着西方的品牌和颇具巧妙的“中国特色”的饰物。这些衣服做工结构化，适合穿着，颜色鲜艳而且非常保守——虽然其中一件是加利亚诺的粉色丝绸饰有羽毛的女装，极少对不切实际的幻想或者时装媒体的阴暗面作出 180 让步。简而言之，《Vogue》确保了全球时装价值观得以完美呈现，同时为中国读者提供了视觉实现（visual realization）的合理的直截了当的“日记式”路径。

《Vogue服饰与美容》创刊号封面。封面人物包括吉玛·沃德和杜鹃
《Vogue服饰与美容》，2005年9月。经许可使用。

《Vogue》中的中国：端对端媒介化

《Vogue》一旦在中国成功推出，那么中国在《Vogue》这本杂志中推出的时候也到了。该杂志的几个国际版刊登了关于中国版创刊的文章，或者与上海时装有关的照片。例如，《Vogue》杂志澳洲版将上海时装作为2005年10月主打时装，标题为《东方接触》（183–97）："超模吉玛·沃德进行了一次跨文化的兜风，穿行于上海的街头。与此同时《Vogue》庆祝当季的重要'模样'——从严苛的克制到华丽的张扬。"（184）有三组照片是杜鹃的。《Vogue》杂志澳洲版奇怪地称她为"詹妮弗"。然后，父权主义的澳洲人贬低了中国喜欢澳大利亚人吉玛·沃德"超模"地位的重要性。

毫不奇怪，考虑到主编卡琳·洛菲德在上海拍摄中的作用，《Vogue》杂志法国版给予了密切的关注。2005年10月号的封面预告上写着"上海特刊：想你的黄金国度及其创意英雄"（No.861，封面）。吉玛·沃德和杜鹃并列于封面照中。封页内有几篇与上海有关的专栏。首篇称为"乐观主义的鸦片"（151–2），接下来的故事涉及上海老工业区的艺术（155－58），模特杜鹃（202），以及珠宝和美容部分（214，228）。时装部分内容以后，是重要的专栏，包括由摄181 影师胡杨拍摄的上海创意人士的房间（262–5）以及各色中国设计师和艺术家的简介（266－71）。

该期杂志的关键之作是主打时装部分，由德马舍利耶摄影，洛菲德设计，主推模特有沃德和杜鹃，这一点和《Vogue》杂志中文版《Vogue 服饰与美容》的创刊号一致。然而，有意思的是，里面的图片却完全不一样，没有一张雷同。洛菲德在服装颜色的选择上采用了压倒性的白色主色调（偶然几处用了红色）。大多数照片选用了单色。整套图片弥漫着“纪录片”的格调，与此相对的衣物和套装则是彻头彻尾的“时装”。照片中，在一个老胡同区里，沃德半脚迈出，坚定地走过旁边停放的自行车、墙报和各色旗帜。在另一张照片里，杜鹃坐在一个阴暗的门口，手里拿着香烟。沃德坐在室内，脚上穿着宾馆的拖鞋，有人在剪她的假发片。我们还看到两位模特穿着丝质的透明硬纱向对方跳动，杜鹃摆出妖娆的手指着嘴的姿势，不过手是沃德的。传统中国和新中国，被记录和重构：延续和转变同步。

2005 年 11 月号《Vogue》杂志英国版刊登了《Vogue 服饰与美容》主编张宇的一篇日记（Cheung，2005：113–18）。日记中有一张她 5 岁时候的照片，“骄傲地捧着一部毛主席的红宝书”。她沉思道：“仅仅十年的光景，中国女性实现了从卡尔 · 马克思到卡尔 · 拉格菲尔德、从中山装到缪缪的转变。”*（114）张宇曾经担任过时尚杂志《Elle》的编辑。她叙述说：她“从最底层起步，在一家英文报纸工作。非常幸运地工作在一群（大多为澳洲和英国的）新闻记者中间。

---

* 卡尔 · 拉格菲尔德 (Karl Lagerfeld) 是如今在世的最著名的国际时装设计大师，是现任香奈儿（Chanel）、芬迪 (FENDI) 两大品牌的首席设计师，时尚界人称“老佛爷”、“卡尔大帝”。还拥有以其个人名字命名的男士服饰品牌 Karl Lagerfeld。也译作卡尔 · 拉格菲。缪缪 (Miu Miu) 是意大利著名品牌 Prada 的少女副线品牌。——译者注

182

他们时而非常友好地给我提建议，时而也毫不留情地让我郁闷不已”（114）。就杂志的内容而言，张宇必须开展非常微妙的跨文化外交，“确保全西方的创意团队”设计出来的封面“符合中国市场的口味”。她告诉化妆师彼得·菲利普斯：“你们可能觉得中国女人穿旗袍好看极了。但是对于现代中国女性来说，旗袍让他们想起自己的奶奶！他们希望自己看上去像凯特·莫斯（Kate Moss）。”（118）张宇不得不请求卡琳·洛菲德不要让中文版的封面模特穿黑色服装（“在中国文化里这意味着霉运”），尽管她没有完全成功地让她的高卢同事放弃有异国情调的“鸦片”模样。然而，她清楚地知道，《Vogue》的使命远远超出当季的样式这种具体而微的问题：

> 中国是否能产生自己的顶级时装品牌和设计师，一直以来存在争议。有许多负面的声音……但我一直乐观。《Vogue》的意义也在于此。大的突破在于设计师有能力将自己的中国哲学巧妙地注入非常现代的设计之中。20年前，日本的设计师就是这样做的。（118）

张宇引述了《Vogue》杂志美国版的传奇主编安娜·温图尔（Anna Wintour）给她的建议：“《Vogue》主编的工作超出杂志本身。你应该支持自己国家时装业的发展。”（118）

富于创业精神的消费者：生活在风险文化之中

期刊数据的增长和内容的迅速提升表明社会网络市场中媒介化机制的重要性。如果系统内人们的选择将会决定个体的选择，并同时适应变化了的形势和新出现的经济和文化价值观，那么这些媒介化机制需要依赖于行动者（agent）和企业不断地学习和反馈。在中

183

国，他们小心翼翼而又显而易见的教育功能帮助读者理解风险文化中的关键是什么。换而言之，《Vogue》这类时装媒介及其新出现的竞争者提升了人们对社会和经济的认识能力（literacy）。而这些人从前对精妙选择的符号学是所知甚少的。

《Vogue 服饰与美容》创刊所代表的“引爆点”已经成为过去。从创刊起，《Vogue 服饰与美容》已经开始了与自己的读者群进行持续的对话，同时对国际时装体系保持开放。这是一个相对孤独的关于时装的而非个人价值观的孤岛，因为其他杂志保留了很高比例的生活方式和男女关系的内容。从这个意义上说，现在断定中国已经形成了能自我维系的内生性的时装系统还为时过早。比如说，她要多久才能发展出诸如纽约和伦敦一类全球时尚城市所特有的高密度的、多少有些昙花一现的先锋杂志，还有待观察。这些高端杂志尝试时装本身，也尝试摄影、艺术、设计和街头文化（更别提性、毒品和摇滚了）。在中国，至今还只有已故的陈逸飞的《视觉》杂志追随了这种类型的创新，而其他常常只是简单地拷贝国际的资料。只有当这样一个竞争性的创意—生产性网络完成本土化，内在驱动的创新和新的“礼节性”价值观才能有物质基础。在此之前，中国的时装体系还需要依赖国际上的舶来品运作。

184

张宇听取安娜·温图尔的建议，支持本国时装业的发展，这是对的。但是支持不能仅限于推广本土的生产者和设计师。消费者——在别的语境里可能被称为“粉丝”、“专业业余者”或者“顶级消费者”（Hutton，2007：96）——也需要培养，支持他们的文化驱动的先经济的（pre-economic）创意计划，因为这常常是“下一个最棒的东西”出现的地方。* 而更加广泛的时尚媒介消费者——“阅读大

---

* 原文为“the next best thing”，是一部电影的名字，由麦当娜主演。此处与电影并无关联，乃是作者的戏谑之笔。——译者注

众”——读者群也同样需要培育，从而不断给系统施加日益“有文化的”需求端压力。这部分读者群来自那些与社会网络市场攸关的人们。这个市场包括风险文化、创意想象力和消费者创业精神。

从时装而来的另一条经验是，创新的种类千差万别。有些行业由于新技术的发展而迅速变迁，文件分享技术后的音乐行业即为一例。但是时装不能只靠技术来推动创新。它还依靠社会网络中激烈的为了地位差异化而展开的竞争。新的潮流只有被复制才有经济上的意义，但如果人手一件，也会失去价值。因此，要对新潮流极为敏感。这些潮流可能在整个社会中找到，也可能在消费者、业余爱好者、生产商或者专业人士中找到。时装对技术控制的依赖度与其他行业有所不同。它依赖开放的复杂的社会网络。从这个意义上说，看到其他产业，包括那些带有 Web2.0 特点的有重要技术影响力的行业，也变得像时装业一样，是非常有趣的。

第八章

“未来是开放的未来”

“中国世纪”及文化科学

“除了成功，别无选择。”

——阿德格克·泰勒（UNFPA，2007a）

185 丰裕哲学

我在《文化研究简史》中曾经声称，文化研究是一种“丰裕哲学”（philosophy of plenty），是理解下列问题的一种方式：在经济增长、民主化和消费主义大行其道的年代里，各类大型群体是如何创造文化价值的？不过，这些年代（即所谓“漫长的20世纪”[Arrighi，1994；Brewer，2004]）是以空前的社会巨变和意识形态巨变为特征的，此外还要加上帝国主义、全面战争、极权主义、“确保相互摧毁”（冷战）和公司的垄断行为，所有这些构成了进步的、世俗的科学现代性（secular scientific modernity）的阴暗面。自19世纪80年代以来，在比这个漫长的世纪还要漫长的时间里，世界的经济领导权和政治领导权已经从欧洲霸权和英国的自由贸易式帝国主义，转向美国的企业管理式的资本主义。这个“漫长”世纪的终结，是以深入的变革为标志的，而这些变革，通常被置于“全球化”这一术语之下。在这一过程中，人文科学、政治科学和经济科学都经 186 历了所谓的“文化转向”，并与后工业社会或网络社会、“新”经济或者知识经济、后现代主义……以及文化研究密切相连。

在这个世纪中，流行文化的显要特征是各种媒介的相互补充（supplementarity）。从直播娱乐节目到观赏性体育，从报章、出版到电影和广播，从电信、电视到计算机游戏和互联网，每一种新的媒介都是补充而非替代先前的媒体形式，从而使得消费者投入在媒介上的时间和开销全面地加速增长。在使用这些媒介的过程中，消费者需要获得非正式而又复杂的多重读写能力。而且，适应于各自不同的文化形式，他们常常自发组成各自不相同却又相互交错的“话语公众”（Warner，2002）。所有先前的这些形式、用途和能力现在都成为了亨利·杰金斯（Henry Jenkins，2006）所说的“融合文化”的一部分。这种文化充满相互竞争而使人分神的诱惑，而理解这种文化的切入口则是处于社会化网络中的用户——消费者。

我的观点是，流行文化在从“被动”消费专家型的他者代为创造的主张，走向主动生产直接的意义和参与者之间的经验及关系，从“只读不写”的传播模式走向“读写并用”的传播模式的过程中，其自身也转变成了知识进一步增长的引擎。自我组织的、在机制上又相互协调的主体和企业，使用现有的所有形式和实践方式来达成自我实现，行进于社会网络，获取可靠信息，并设计真实的体验。 187 这是开放式读写能力的用途，而其当前的表现形式恰恰是“数字的”。流行文化是知识增长的土壤，而这些知识的多样表现形式，往往在学科范畴之外。在正式的学术范畴内，文化研究是一个反学科的学科，而且业已证明，它对这些知识的创生性的（generative）、实验性的特征更加敏感。

西方人的心血

文化研究无疑是西方的文化企业，形成于也致力于明确地把大西洋的紧张状态改造成不断适应美国霸权的经济、政治和文化经验，在全球范围内承载着军事与经济实力，又承载着通俗文化，即好莱坞、摇滚乐、电视，总之除了体育无所不包（体育的全球化形态，即足球和奥林匹克比赛，都起源于欧洲）。有趣的是，文化研究走向辉煌并没有形成于美国霸权得以确立的 20 世纪 30 至 50 年代，反而形成于美国霸权在越南遭遇严重挑战之时。在整个 60 年代和 70 年代初，欧洲通俗文化把自己的音乐重新输出美国，因而美国在符号超级强权（semiotic superpower）方面开始扭转乾坤。在这个过程中，他把自己的独创由黑色蓝调（black blues）变为白色波普（white pop），从真诚表现被压迫者的身份变为全球每周最畅销的娱乐，尽管这些都是以工人阶级创造性的疑惧和渴望为中介的，体现在披头士合唱队的约翰·列农（John Lennon）之类的明星身上，后来还体现在与“性手枪”有关的朋克运动身上。更不寻常的是，乐手开始扮演新一代的知识领袖。“反文化”政治是通过商业音乐和波普文化，而不是通过传统的民主技术（technologies of democracy）和政党机器（party machine）得以传播的，尽管两者以嘈杂的方式发生了碰撞，特别是在标志性的 1968 年。（Gitlin，1993）就在那一年，随着民权运动日益壮大，马丁·路德·金和罗伯特·肯尼迪被暗杀；“五月事件”令巴黎烈火熊熊；因为反战激进分子受到警察的攻击，在芝加哥召开的民主党代表大会转化成了暴力；学生们在墨西哥城被枪杀；大规模反对越战的游行示威使“风骚”的伦敦变得激进（Halloran et al.，1970）；在捷克斯洛伐克，“布拉格之春”来了又走了……青年文化从舞蹈转向了示威：

188

你意识到一直以来
我们出了问题。
你不再跳舞。
（The Who，1973）

“和平与爱”的“音乐与毒品”文化、“鲜花力量”（flower power）的嬉皮伦理，以及源于女权主义和民权的“个人政治”（politics of the personal），全都融入了“新社会运动”之中。“新社会运动”献身于头脑的扩张，献身于女性、有色人种、性取向、第三世界、环境甚至儿童的解放（《红宝教科书》[*The Little Red Schoolbook*]，Hansen & Jensen，1971）。一言以蔽之，“新社会运动”献身于文化与身份的解放。这些运动并没有心甘情愿的委身于既定的劳工运动或代议政治，尽管他们也曾与核裁军、反战激进主义有染。相反，他们开始在文化阵地上创办属于自己的媒介和组织形态。这些媒介和组织形态通常也是一些商业企业，包括唱片商标（如披头士的苹果商标）、音乐节（如伍德斯托克音乐节）、“地下”新闻社、艺术“事件”，这些都是在节日（文化）而不是在工厂（经济）或论坛（政治）中形成的参与性的民主形态和政治感性。

189

所有这些都是西方的发展，尽管与诸如来自第三世界的弗朗兹·法农（Frantz Fanon）和朱利叶斯·尼雷尔（Julius Nyerere）之类的倡导解放论的思想家一道，自切·格瓦拉至毛泽东的丰富多彩的革命，对西方反文化的激进主义者极具吸引力，但现在的问题是，“婴儿潮”一代的满腔激情是否创造出了比西方环境更持久的知识体系？那些本质上属于西方的运动，那些反抗西方自身社会构成的统治趋势的运动，是否能给这个语境之外的人们提供教益？说得更直接些，文化研究这项事业何以应该引起今日中国或年轻人的注意，又如何引起今日中国或年轻人的注意？

如果历史还有什么指导意义的话，那么，致力于直接应用西方观念，是不会有多少收获的，即使那些西方观念被视为正面型的观念：

> 声称西方文明是自由主义、立宪主义、人权、平等、自由、法治、民主、自由市场以及其他同样诱人理想的遗产的载体……对于任何熟悉西方在所谓“单一民族国家”时代的亚洲留下的记录的人而言，听起来都是空泛的。在这一长串的目标清单中，很难发现，有哪个理想没有被那个时代的西方强权国家，或部分或全部的拒绝过。他们是在与直接屈从于殖民地统治（印度和印度尼西亚）的人民，或在与它们千方百计的获取宗主权的政府（中国）打交道时，或部分或全部的拒绝这些理想的。与此形成对比的是，你还很难发现，没有哪个理想不是旨在反抗西方强权的民族解放运动所不支持的。不过，在这些领域，在支持这些理想的同时，非西方的人民和政府总是把这些理想与来自自身文明的理想结合起来。在自身的文明之内，他们不需要从西方那里学习什么。（Arrighi et al，1996）

190

换言之，如果把源于西方的知识运动视作征服当地土著的手段，令其输入到世界的南方或东方，那么，即使这些知识运动被视为解放主义的，它们也只是进行殖民的权力诡计。只有在被当成双方均有发言权的对话的手段来宣传时，它们才有价值可言。因此，把源于西方的文化研究直接“应用”于中国不会产生什么效果，甚至还可能损害双方的交流。相反，现在要做的是理解：就这个争端而言，与从自身语境的内部、竭尽全力的研究新形势具有的特性结合起来看，什么才是迫在眉睫的？这的确也是《文化研究简史》试图回答的问题。

就中国这一案例而论，这意味着既要避免走上“超英赶美”（盲目借用）的极端，又要避免走上“鸵鸟政策”的极端，即避免例外主义的托词，如同在“于是乎……具有中国特色”这个常用短语中展示出来的那样（此举把命名事物的秩序颠倒了）。同其他西方观念一样，与文化研究相关的那些观念，还有对他致力于分析的问题而言非常重要的那些观念，近年来已经具备了全球性的内涵。不过，中国复杂的历史、文化和特定环境，必定会重置这个“问题情境”。简言之，文化研究并非狗皮膏药，无法放诸四海而皆准。

那么，文化研究迫在眉睫的问题是什么？中国人及其他读者、研究者将如何把文化研究的洞视应用于自身的前瞻战略？是否可以把文化研究的洞视从它原初语境中“抽离”出来，并依旧行之有效？或者说，它是否不再流行，不再是解释框架，而只是需要解释的时代征兆？其实，如此事关文化研究自身解释力的反思性问题，是文化研究更加持久的特征之一，是它最为重要的动作之一。这里出现了一个知识探求模式，它主张进行所谓的“危急性”（依赖于特定语境）的分析，而不是“科学”的普遍主义；在这里，“问题情境”或“棘手问题”需要它自身的“概念框架”。

文化研究与社会变革

文化研究脱胎于理解社会变革的一种努力。更为重要的是，它是一种知识上的努力，旨在表明，如何激发某些领域的社会变革，同时抑制某些领域的社会变革。在我成长的时代和国家，即20世纪50年代的英国，在某些左翼人士看来，情形似乎是这样的：在那个开启了工业革命的地方，在经济领域和政治领域盛行几十年的激进主义（在经济领域中是工会和劳工运动，在政治领域中是工党），并未能够推动支持工人阶级或进步利益的决定性的社会变革（“革命”）。而且，左翼还为1956年在苏伊士和匈牙利发生的事件所伤害。那时候，国际主义幌子下的西方社会民主政治和苏联社会主义，都被剥去了伪装，对当地人显现为军国主义暴力，而毫无解放主义的希望。马克思主义这个用来解释社会变革的备受宠爱的“概念框架”，也作了让步。期间，继二战的后方平等主义（home-front egalitarianism）以及随之而来的国家社会主义的民族主义（state-socialistic nationalisation）的短暂时期（即1945—1951年间）之后，英国工人阶级连续几届投票赞成保守党政府。这些政府推动了消费繁荣，改善了住房与就业状况，还开始了去殖民化运动。某些左翼人士不免要问，如果普通人的利益与工人运动的利益“在客观上”是一致的，那么，为什么普通人会觉得，聆听流行音乐（次文化）比投票给工党更为重要？

192

国内“冷漠”，国外“残暴”。既然如此，到处寻找进步性社会变革的新资源，就不足为奇了。文化研究一直是对这一僵局的扩展性回应。这种回应既是消极的，也是积极的。从消极的层面上看，那些转向文化的人想知道，文化因素是否要为阻止早被预言为不可避免的历史变革承担罪责？那些历史变革是受经济决定物和政治决定物驱使的。是否需要更好地理解有关文化的某些事物，特别是有关意识形态运作的某些事物？从积极的层面上讲，显而易见，到20世纪60年代末，在音乐、表演、电影、写作和其他艺术中，处于萌芽状态的青年文化、次文化、另类文化和反文化开始通过文化刺激社会变革。在使信息通俗化或动员行动社群（community of action）方面，这似乎比传统政党和车间鼓动家（两项累加）的所作所为，还要卓有成效得多。许多左翼人士深受由这些发展提供的可能性吸引，尽管通俗文化是在商业环境中羽翼丰满的。在这里，商业企业似乎更具扩张性和交流性，能把“我们”这个社群连接起来。它并不符合剥削性和操纵性的“他们”（exploitative and manipulative “they”）这一陈词滥调，而左翼思想在传统上总是把公司的价值系于

193

这一陈词滥调上。

时至今日，这些东西都在文化传统中留下了烙印。这个危局（conjuncture）遗留的问题核心在于：文化、个人身份和价值探寻（这里的价值与消费、闲暇和娱乐密切相关）与社会变革有何关系？随之而来的问题是：如果文化（还有经济和政治）涉及社会变革，是否可以把它解释为既是退步的（由媒介和公司利益玩弄的意识形态操纵），又是进步的（自我实现；普通人的解放）？第三个问题是：如果才能把这种必然用于解释既定情境的知识工具理解为研究对象的一部分？或者换言之，如何才能根据社会变革自身的能动者来理解社会变革？那么这些问题都能完好地植入中国和当代语境之中。

此外，有人曾经预言，中国将成为“中心”，围绕该“中心”，下一个“漫长的世纪”将迈入最终确立的新秩序。如果这个预言真能变为现实，那么，文化研究的分析方案会给社会变革的当代研究提供某种新东西。文化研究对经济增长 / 优势、政治领导 / 民主化和文化经验 / 身份之间的“战略”关系的长期关注，还是颇有价值的。因为文化研究是思考下列问题的好地方：人们是如何体验对权力转移的回应的？全球体系（global system）是如何强化或妨碍个人动能（individual agency）的？创造性价值（creative values）是如何形成并与经济价值发生冲突的？自我表演（performance of the self）如何可能推进或抑制政治变革？随着自己的经济体系走向成熟，在（以供应为导向的）低成本制造业基地的基础上，中国正在建立（以需求为导向的）消费和服务市场，而（以供应为导向的）低成本制造业基地是在中国改革开放的最初十年确立的。

194

为了维持经济增长，对于成熟老练、精力旺盛、颇具创造性的能动者（agents）——包括生产者和消费者——的需求，正在日益增长。这不可避免地冲击政治格局。增长和发展需要个人动能（individual agency）；与此同时，这套体系的动力机制需要自发的秩序（市场），而不是中央控制（政令）；无数个人能够在包括市场、娱乐、社会网络以及更加传统的政治形态在内的环境中实现自我。文化研究是这个领域中出现的新思想的帮手。理解社会变革，这一迫切需要首先激活了文化研究的生命，因为此时，现存的知识范式，包括科学的知识范式和政治的知识范式，均处于危机之中，而且变革的驱动器似乎已经由经济领域和政治领域转向了文化领域。理解文化在社会变革中发挥的作用，这一需求依然处于全球化的世界之中，而在全球化的世界中，经济力量和政治力量正在从西方转向东方。

创造性破坏

在西方，文化研究一直是破坏性的知识力量。这对于中国而言，同样具有借鉴意义。其一便是，破坏性创新（disruptive innovations）通常引发相当消极的反应，知道有一天，对它们的广泛采纳和拥有，用罗伯特·休斯（Robert Hughes）的话说，会缓和“新事物带来的震撼”。对于作为知识企业的文化研究来说，这向来是千真万确的。它吸引了众多的热能，因为它常常失口说出知识的实情：科学话语和政策话语往往忽视，甚至刻意保守一项“秘密”（Birchall，2006）。这个处于知识的核心地带的“秘密”便是：全部知识都面临着合法性是无法预先确定的。作者的权威性（专业证人），方法的适当性（科学），甚至观察的显然性（常识），所有这些都被文化研究以其“后现代”模式视作语言（而非现实）的辐射。它们是“建筑物”，是借口托词，是权力诡计，是面壁虚构。文化研究不断引来科学家、愤怒的经验主义者的嘲弄。（Sokal，2000）他们认为，“文化研究在教育上是腐化堕落的，在专业上是丢人现眼的”（Windschuttle，2000）。文化研究还不断引来只相信亲眼所见、亲耳所闻的真实（记者）人士的讥讽。

195

但等热情消退之后，我们可以看到，这只是开业医生所谓的牵涉性痛。病因不在于文化研究，而在现代知识本身。在“知识经济”、“信息社会”和“媒介文化”中，知识成了经济增长、公共政策、商务活动以及有知识的市民（更不用提那些老道的消费者了）的发动机。因为知识对于全部生产（包括经济生产、政治生产和文化生产）都极其重要，显然我们必须信任知识。但同样“显然”的是，知识是不值得信任的。连续的合法性危机动摇了世界，“大科学”（big science）是否可靠（苏联的切尔诺贝利的核反应堆事故、印度的博帕尔毒气事件、转基因食品、生物科学），是否实话实说（气候变化）？一个国家是否拥有大规模杀伤性武器（伊拉克、伊朗）？政客（*Independent*，2006）、记者（Danwei，2007）和作者（*Age*，2004）是否进行了无中生有的捏造？从这些问题到对文化研究进行的小小的局部性羞辱——最著名的就是索科尔的愚弄（Sokal，2000），都是如此。

196

文化研究喜欢对现实主义“文本”进行“解构性”的解读，它不仅活跃于文学虚构的安全护栏之内，而且还冒险地现身于现实中毫无掩蔽的海角，即现身于科学和政治之中。真理已经分崩离析，难怪那些在真理中豪赌的人会恼羞成怒。它要么无望地妥协于奠定全部知识根基的不确定性，要么无望地被多元化，成了经验的财产，而不是事物的财富。例如，有些笃信宗教的人士既认可科学真理，又认可宗教真理，尽管科学真理和宗教真理无法用同一标准来衡量。由此观之，滑入主观主义，是难以抗拒的。在主观主义那里，只要你喜欢的就是真理，如同电视喜剧演员斯蒂芬·科尔伯特的著名概念“真理性”（truthiness）所表明的那样（scientificblogging，2008）。尽管有人抗议，但真理只能是偶然的、中介性的和充满争议的。批评者倾向于责备信使，指责文化研究信奉它在文本中揭示的观点。他们有时坐立不安，因为文化研究通常操刀于可敬的知识边缘，操刀于大众接受教育的学院而不是享有声望的科学部门，或者操刀于诸如媒介、性别或文学研究之类的“微不足道”的题目，而不是医学院。简言之，文化研究被视为令人讨厌的家伙，只会把后现代理论家兜售给二流大学里天真无邪的学生。

不过，正是处于边缘地带的破坏征兆，使得观察者理查德·李（Richard E. Lee）宣布，文化研究是更大规模的知识合法性危机的一部分。在那里，文化研究对于社会科学和人文学科发挥的作用，与复杂性研究（*complexity studies*）对“严格意义”上的科学发挥的作用完全一致。（Lee，2004）理查德·李认为，文化研究与复杂性研究合在一起，标志着“不再强调均衡与确定”。在它们那里，因果性被界定为“服从实验重复（experimental replication）和假设试验（hypothesis testing）的先决条件以及后发事件的持久联合”（Lee，2004）。换言之，文化研究和复杂性研究分别在自然科学和社会科学中，发挥着现代主义知识范式的“创造性破坏”（creative destruction）的作用。“创造性破坏”是熊彼特（Joseph Schumpeter）的著名短语。此举正在激发对全部知识领域的重新排序，在那里，实证主义的价值中立的科学与承载价值（value-laden）但又在经济上中立的文化，均告土崩瓦解。科学和文化全抛离了牛顿式均衡，并被重新置于无可逆转的历史变革的“时间之箭”，现在它们既需要注意历史的偶然性，还需要关注个人定位。理查德·李写道：

197

> 在20世纪60年代后期的那段时间，“新科学”强调复杂性、不可逆转性和自我实现，实际上已经放弃了知识中的真理保证人的角色，并把时间之箭重新引入自然科学。与人类世界一样，自然世界现在已经拨乱反正：它是创造性的，未来是开放的未来（当然不是可预言的牛顿式的未来），只有创造性的选择和处于不稳定的转变时刻的偶然环境，才能决定它。它具有这样的

> 效果，即把知识生产从下列难题中解放出来——寻求不可能的宇宙时，一一剥离支离破碎的细节。在一个被视为具有全然创造性的世界中，价值和知识，Wert（意义与价值）和 Wissen（有关现实的体系知识），是必然融为一体的。（Lee，1997）

198

早期文化研究导致的这些广泛深远的结果，并没有直接摆到观察者面前（尽管某些卷入其中的人可能激发了他们的热望），但是从这些琐碎而简单的开始，在试图理解文化追求（cultural pursuit）是如何战胜了社会—经济基础的同时，具有体系性的意味的某物（something of system-wide significance）还在繁殖，它跨越了学科、机构和问题框架（problematics）。

表征之过剩与过剩之表征

沿着这条路，文化研究终于步入危机。这危机更多的是表征（*representation*）危机，而非知识危机。它正在进入以后现代主义闻名天下的“创造性的破坏”时期。在这里，从 19 世纪哲学那里遗传下来的政治表征和符号表征，其合法性受到了挑战。论者开始对符号生产力（*productivity of signs*）产生兴趣，特别是对当代社会中的中介过剩（excess of mediation）产生兴趣。在当代社会中，符号通常是彻底摆脱了任何似是而非的指涉物的，充斥于公私领域。尽管常常因为把世界转换成了文本而广受批评，但后现代主义者还是第一批清晰地看到：在政治、文化和经济领域中，表征已经摆脱了现实的束缚；把文本性（textuality）、符指化（signification）、意义和价值从固定语境或指涉因果（referential causation）中抽离出来，是体系之现象（phenomenon of the system）而非它们自身幻象之现象（phenomenon of their own fantasies）。无论何时何地，符号都在攻城

199 略地，指涉物都在退避三舍。电影、广告、电视和艺术中过度的媒介符指化（media signification），只是明摆着的形态而已。因为很容易观察，也很容易传授，媒介研究较早地“捕获”了后现代主义并把它广泛推广开来，这令19世纪的学科一蹶不振。

然而，对符号予以抽离和剥离，甚至成了经济学的特征。在那里，资本已经以金融市场的形式被“文本化”了，把前所未有的能量注入到全球金融体系。在自动化的工厂体系中，工作（work）已经从劳工（labourer）中抽离出来。个人计算机的广泛使用，把词语（words）从书本（pages）上剥离出来，它允许“文本”成为移动物。这令当初敲打打字机的记者们大吃一惊，不过，为了了解世界，他们也在忙忙碌碌地使世界“文本化”。食谱从食物中抽离出来，这使得厨师功成名就，尽管烹饪作为一种社会实践已经日薄西山。简言之，“经济”已经毅然决然地从制造转向信息。政治已经从代议（representative）转向中介化形式（mediated forms），阶级、政党或裔族——地域忠诚（ethno-territorial loyalty）已经让位于这样的体系：政治家为了选票而拍卖承诺，事件的重要程度与他们在电视网上抛头露面的次数成正比。文化成了用以对峙、斗争和“承担特质”的阵地，它们是与上述变化相连的，而这些变化是在局部的、文本性的、经验性的层面上完成的。

中国走向开放，西方全面运转。在这样的环境之下，最紧迫的需求是充裕问题：如何经营信息超载（information overload）、符号过剩（semiotic excess）和脑力富足（*affluence of the mind*）？脑力富足正把迄今为止由内行专家和富裕的精英所享受的知识资源迅速扩展至寻常百姓。生产力（*productivity*）已经从“生产者”转向“消

200 费者”。自此以后，较佳的商业计划不在专心于原创和独一无二的创造性发明，而是献身于信息、知识的分享和管理——搜索引擎、编辑器、过滤器和合成器。

从 DIY 到 DIWO（从自己动手到大家动手）

后现代主义是表征过剩（representational excess）的哲学。事实证明它是一种过渡形态，因为表征生产（representational productivity）很快地被一种更为直接的形态所超越，以这种更为直接的形态，消费者开始成为生产者。生产力的这种扩张，与 Web 2.0 社会网络和 DIY 应用软件密切相关，也在 Web 2.0 社会网络和 DIY 应用软件那里表现得最为明显，尽管从封闭的专家体系转向开放的革新网络，可以更加广泛地观察到。一方面，这些进展在创造性和气质上是美国式的，是个人主义的、企业家的、技术性的和扩张主义的；另一方面，随着互联网越来越多地追逐金融资本和商业惯例，这些进展对于世界舞台的冲击也是全球性的。以大型社团提供的大众传媒娱乐形式的记号消费，即使没有全球化也已经国际化，并已经长达几十年了。现在，记号消费开始感受到竞争的热度。竞争来自无数源于本土的、以用户为导向的创新（即开放资源）、消费者共同创造（OECD，2007）和 DIY 文化（Hartley，1999：179–81）。

201

随着文化研究被广泛制度化，这些变革向它发起了挑战。之所以向它发起挑战，是因为此时此刻，它对意识形态和文化斗争，对个人之政治（politics of the personal），对知识的不确定性，对用来消除“主流”文化形态与实践之神秘性的方法工具箱，都建立了相对稳定的一套关切体制。换言之，文化研究已经装备起来，去处理本质上属于工业体系的表征生产力（representational productivity）。现在，它正面对着新型的生产力，即公开网络的生产。在那里，个人能量是创造性的，它既不是权力的结果，也不是来自别的什么地方（如“公司资本主义”）的原因之果。即使体系性创新也可以被视为“自下而上”而非“自上而下”的现象，诸如“群体智慧”（crowdsourcing）、博客、社会网络，以及通过“大众分类法”（folksonomy）

对知识进行重新排序。专业与业余、生产者与消费者、权力与臣属之间的差别，全都陷入了危机的泥潭。

这些发展中发起的挑战，旨在反对采纳俗套版的文化研究（即“批判”），反对把文化研究简化成名扬天下的分析框架，然后探索基于个人能量、技术承担特质（technological affordances）、全球性普遍联系和急遽社会变革的新生产力形态的潜能。例如，某个新的“批判”分支（参见 Lovink，2008）就着眼于文化劳动，旨在证明下列观点：以用户为导向的创新，以及消费者的共同合作，无异于更进一步的资本主义剥削，其剥削的方式就是使临时雇员和廉价劳工规范化，把政治激进主义消解为消费商业主义。在涉及研究对象时，保持批判性的距离总是重要的。但在面对动态的非均衡（变革与增长）时，一味秉持（不平等、斗争和对抗的）结构模型，就是要预先确定事情的走向，把开放的未来拒之门外。

202

文化研究在此面临着岔路口。它已被马克·吉布森（Mark Gibson）彻底地理论化了。与某些人一道，吉布森首先看到，文化研究的“事业”已经使文化研究踏上这样的征程——在那里，他早年对文化在社会变革中的作用的好奇，已经被单数的、理论性的（而非复数的、历史性的）权力概念所征服（Gibson，2002；2007；还可参见 Cultural Studies Now，2007）。在这个岔道路口上，沿着一个方向前行，并追随斯图尔特·霍尔的足迹的，是这样一些人，他们往往把自然发生的现象简化为权力的结构模型，把文化简化为一套“完整的斗争方式”或一套完整的冲突方式。

这种观点取代了下列文化观——文化是一套“完整的生活方式”。这是雷蒙德·威廉斯（Raymond Williams）的名言。根据这种文化观，庸常的生活并不被理解为权力的结果，相反，它可能是自然发生的各种形态的基础。运用“权力”模型，追着米歇尔·福柯（Michel Foucault）的著作，权力被说成是“无所不在”的。这导致了一种倾向，即文化批判着力于对权力的实例进行局部的、微观的分析，反对将下列问题开展深入的宏观规模的思考：作为整体的制度是否处于变化之中，是否动态性的，是否在派生“主流”价值的同时，也能派生“自然发生”的价值？因而存在着这样一个版本的文化研究，它发现权力无所不在，却又从来不在任何地方对权力思虑再三。吉布森打算使这个概念多元化（而对形形色色的“权力”）和历史化，这样一来，并发分析（conjunctural analysis）就会顾及“开放的未来”，而不再无休止地重复那个模型。

203

还有一些人走上了另一条岔路。在他们看来，文化就是创造性。用户制作内容（user-created content）无论被批评为公司的诡计，还是被赞美为“数字民主”的机遇，也就是说，无论你是天性悲观，还是向来乐观，事实都是如此，即自制媒介（self-made media）给文化研究提出了重要问题。重新思考“工业”这一隐喻是一个合适的起点，以便超越对罪恶的资本主义巨头——如鲁珀特·默多克和希尔维奥·贝卢斯科尼之流——的民粹主义式的常抓不懈，以便重新思考下列问题：在复杂网络（包括市场）方面，生产、劳动和消费究竟意味着什么？这还势必回到文化研究对于全部能动者的真正兴趣上，这些能动者已经涉足制度（庸常生活），而不仅继承了公司结构（媒介工业）。现在应该摒弃“因果和传播只能单向流动”这一假定，还应该严肃地看待处于整个体系之内的既具批判性又具创造性的市民——消费者。当然，这个体系之内不仅生活着这样的市民——消费者，而且生活着大企业。在“无标度”（scale free）的复杂体系中，消费者联合起来，“大家动手”（do it with others，DIWO）。处于“无标度”（scale free）的复杂体系中的来源众多的因果，是以网络理论的“枢纽”（hubs）和“节点”（nodes）以及复杂研究为模型的（Beinhocker，2006），而不是以阶级的结构性对抗为模型制造出来的。

204

近年来，这种重新思考似乎在某个领域取得了最具活力的进展。这个领域便是“创意产业”（Hartley，2005；2008）。在试图确定和解释创意产业时产生的争端，对于文化研究而言意义重大，因为创意产业是这样一个产业：在那里，新价值（既包括经济价值又包括文化价值）、新知识和社会关系的新形态，都是自然形成的，而不是“刻意支配”的；在那里，创意产业处于全社会通过市场机制采纳之、保持之的过程之中。甚至可能有人争辩说，“创意产业”是高度发达的知识经济社会中的创新所采取的一种经验形态。在这种情形下，创意产业的重要性类似于媒介的重要性，它超越了作为经济某个“部门”的范畴。它把创意产业的角色扩展为一般的具有推动力的社会技术（enabling social technology）。这会把创造性革新（creative innovation）等同于其他的具有推动力的社会技术，如法律、科学和市场。在现代工业时代，处于“文化产业”伪装下的媒介被视为意识形态控制的社会技术，但在基于知识的复杂体系的时代，创意产业可以被视为分散式创新（distributed innovation）的社会技术。

全民创造力是一种具有推动力的社会技术

本书认为“创意产业”（Hartley [ed.]，2005）这一领域是重新建立联系的着力点所在，也是实施最为有效的地方。“创意”，无论如何定义，都是创生性的（generative），自然发生的（Zittrain，2008）；而“产业”（更为准确地说，是“社会网络市场”，见第二章）是在社会范围内采纳和保留（协调）这些创意的方式。因而“创意产业”乃至创意经济和文化是发达的知识经济体中创新的外在表现形式。

我还进一步谈到，创意产业的普遍重要性超出了其作为一个经济部门的作用。其重要性体现在其作为一种普遍的具有推动力的社会技术上，类似法律、科学和市场。我们很少会从法律或者科学“产业”的规模来评估法律和科学的重要性，也不会以维护市场的成本多少来衡量市场的作用。大家认可的是，这些法律的、科学的、市场的活动推动全领域的创新和增长，并提升人类的福祉。“创意产业”可能最终需要重新命名，才能体现创意经济、创意文化和创意消费者这些题中应有之义。但新兴的创意产业正在21世纪接过20世纪由“媒体”承担的角色。当然也有非常重要的区别。在大众时代，包括大众生产，大众社会和大众传播等，媒介被概念化为意识形态控制的“社会技术”。而当今是以知识为基础的复杂系统的时代，创业产业则可以被看作分布式创新的社会技术。如果要进一步研究知识增长，就需要研究机构和机制的创造性破坏，赢者通吃的创新和行动的意外后果；需要关注超出传统的权力中心（政治）和市场机制（经济）本身，而处于针对全社会的生命再生产（文化）领域之内的生产力之源。这些生产力来源于发展中国家、青少年，以及西方现代主义眼光至今未及的文化领域。

205

娱乐部

联合国宣布了一个“无形而又重要的里程碑”。2007年，全球城市居民达到33亿，人类从而成为了一个主要生活在城市中的物种（urban species）（UNFPA，2007a）。同时，有30亿人，即接近一半的全球人口，年龄低于25岁。20岁以下的人口大约10亿，其中1/4生活在中国。联合国报告中的《青年附录》说道：

206

> 青年人常常是冒险家和实验者：他们经常被提醒自己处于不平等的境地，缺乏机会——街上的豪华汽车、安全街区的漂

> 亮房子、大众媒体里和互联网上丰裕的生活方式。排斥和挫折可能导致犯罪和暴力。（UNFPA，2007b，v）

这段引文足以让我们懂得创意产业对未来的重要意义。青年人被认为是有冒险精神的实验者，青睐基础服务（交通、住房和通信）中的创造性“增值服务”（“豪华……漂亮……丰裕”）。报告想说的是，10 亿青年人身处城市的环境中，或者通过互联网和媒介等技术，被“提醒”而了解他人的成功，从而就会产生行动。显而易见，该报告更多关注的是潜在的失败风险，而不是将这些因素作为成功的动力。然而，该报告也在无意中承认了社会网络这一重要概念。根据这一观点，青年人的行动和选择取决于其他人的选择。在这段引文里，这些人先前的选择则体现在富足的生活方式中。这种生活是现实的，也有一定象征性。因而，青年人是驱动着其自身的冒险行为的社会网络系统中的能动者。而这些冒险行为是企业家精神的源泉，既有创造性的，也有毁灭性的。

207 该联合国报告接着用阿德格克·泰勒的故事来说明这一场景对人的意义。泰勒是一名经过资格认证的工程师，仅仅因为某次参与创意产业的经历，就放弃了尼日利亚的乡村生活，投身到拉各斯充满不确定性的环境中来：

> 1999 年，泰勒来到拉各斯。刚到这个城市，他去了一家演奏 *juju* 音乐的酒吧——*juju* 是一种充满约鲁巴旋律的流行音乐——并一直待到凌晨 2 点。“这样一次经历，就让我相信我可以过上新的生活，”他说，“无论什么时候，到处都能见着人。觉得有奔头了。在乡下一点也不自由。不管你今天做什么，明天还接着做。”他的未来在拉各斯。“除了成功，别无选择，”泰勒说。（UNFPA，2007a，第一章）

这个例子不是要说明创意产业具有*juju*的神奇魔力，而是说泰勒对居住地的选择是基于社会网络（通过音乐、俱乐部和人群表现出来）的吸引力，而不是出于自己经济利益的考虑。泰勒追求的是创造力和联系，认为这比安全和就业更重要。联合国将泰勒作为例子，恰恰是因为他具有典型性——他代表一种全球性的现象，以及来自未来的压力。需要补充的，*juju*音乐的最大支持者，金·萨尼·阿德在尼日利亚被称为“娱乐部长”。他已经跻身“尼日利亚最有影响力的人之一，在几个行业运行多家公司……他还与尼日利亚音乐版权协会合作”[1]。也就是说，泰勒的个人经历——在俱乐部中欣赏音乐——已经成为一个在经济增长、政治影响力和法律改革等方面有着重要意义的成功的创意产业，吸引着又一群移民进入创造性竞争（城市生活）。在这儿，“除了成功，别无出路”。

208

因此，创意产业的重要性在于它能吸引全世界超过10亿的年轻人，是城市发展、经济增长以及人的发展的前沿力量，并推动着人口、经济和政治变迁。这一切都发端于富有创造力的艺术家的个人才能以及观众的个人欲望和理想。这些创新、变革和新兴文化的原材料，通过社会网络的放大功能，成长为新的产业，并整合成为全球市场的一部分。

走向开放的未来

> 20世纪是美国的世纪，美国改变了世界……发展了所有的重要新技术，如电话、汽车、电视、喷气式飞机、互联网，等等。正如华盛顿信心百倍的假定的那样，我们也全都假定，我们依然生活在美国霸权的时代，尽管已经很清楚，中国可能正在脱颖而出。（William Rees-Mogg，《时代》前总编，2005）

在那些对社会变革兴趣盎然的人看来，创意产业是理查德·李预测的“开放的未来”的领头羊。当前的趋势是，对文化、经济和政治的持续碰撞展开的研究，并不把焦点置于斗争、主体定位（subject-positoning）或机构之上，而是置于变革、不均衡和成长之上。在许多人看来，当前这个时期是两个相对稳定的“漫长世纪”之间的不确定的时间。这两个相对稳定的“漫长世纪”，一个是现在的美国世纪，另一个是即将到来的中国世纪（Shenkar，2004；Fishman，2004；Rees-Mogg，2005）。因此，那些对在“文化研究”标题之下汇集起来的不断进化的概念框架兴趣盎然的当代读者和研究者，需要留心下一个阶段。那时，破坏性革新渐渐稳定下来，成为自然形成的新秩序。那时，我们可以期待着完整的动态知识体系的“宏观”模型。依据这种模型，文化价值、经济价值和政治价值能以一元化的方式加以研究。如果正在形成的创造性革新本身就是“具有推动力的社会技术”，那么，分析者将来需要关注大众创造性的局部性——全球性的实例，关注消费的生产力（productivity of consuption），关注跨越全部人口的“符号生产方式”（means of semiotic production）的传播，特别是通过互联网和其他在技术上具有推动力量的社会网络进行的传播。大众创造性、消费生产力和“符号生产方式”的传播，并列于混合型的“社会网络市场”之中（Potts et al.，2008）。“社会网络市场”允许商业企业和社区企业、巨头公司和小型商务共同存在和创造价值。

在这种语境之下，文化研究不仅是作为充裕哲学，而其实作为政策和实践得以形成的，它是一个有用的概念框架，可以用来分析创新体系、创意产业，创造性生产力的传播，以及覆盖全部人口的知识增长。为此，它必须改变自己的重心，从西 / 北方移向东 / 南，从而能够理解并涵括流行数字读写能力进一步发展，进入非正统却活力十足的领域，包括普通话以及其他全球话语中日益重要的语言。

文化研究可能必须改变自己的名称，成为“文化科学”。

(再一次)走向文化科学

当前文化研究发展的主要障碍在于文化研究学者胸无大志，有时候甚至陷入失败主义。这些学者精于对本土的细节进行近距离的“微观”分析，而不是寻求适当的“宏观”层面的概念，以取代长期占主导地位但现已被放弃的马克思主义的框架。

考虑到流行文化本身难以置信的能量和生产力，在理论形成和概念框架发展上缺乏一致的战略，从而无法有效地考量新媒体、大众意义创造和全球商业发展如何影响知识的增长，这是非常不利的。文化研究不能再沉迷于以几十个文本或者受访者为基础来作一个又一个的案例分析，用以说明地方情况的特殊性，而不是系统整体的运作机制。对于这一坏习惯，梅甘·莫里斯多年前已经提出过批评了(Meaghan Morris，1990)。同样的，文化研究也要避免另一种遭到彻底批判的诱惑，即对特殊事例作普遍性的诠释。将分析者本人的恐惧、欲望和文化偏见投射到研究客体上，这一文艺批评家和实证科学的坏旧习，是文化研究自诞生之日即加以抵制的。流行文化生产力来源于非专家消费者和企业的开放性数字读写能力。现在这种生产力已经发展到一个关头，需要一种更加系统性的回应，而不是靠保持一种“斗争”的姿态就能实现：像当初一样(如第一章所讨论的)，抗议人群推挤警察的警戒线，其实并无特别的目标，只是为了与志趣相投的人享受那样的经历罢了。

211

对于系统性思考的忽视，部分原因在于文化研究成为了“文化战争”中党同伐异的俘虏，将意识形态和价值观置于描述和理论化之上。当“新保守主义者”阔步于权力的走廊，充斥于媒体频道的时候(至少在华盛顿如此)，这些派系之争是可以理解的，但对于学科而言却极为糟糕。在学科的光谱中，文化研究被牢牢固定在“价值判断”的一端，站在量化学科的另一极。文化研究正在成为神学训练中重视布道的那个分支的世俗继承者——使用华丽辞藻、文本诠释和道德训诫引导年轻人的公共价值观、个人举止和道德生活愿景。这种做法的价值和裨益毋庸置疑，但是，尽管它已经历文化研究和复杂性的“创造性破坏”的转型，并且已经使用上了最体现进步性的种种定义，如认为“科学”这一词描述的是“有争议的知识”，但这一学科与科学仍然相距甚远。在文化研究中，我们有太多的争议，而缺乏足够多的知识。不直接参与其间，也就是说，不在文化研究这一知识领域中进行自我修正，就很难为知识的自我纠错过程（另一个对科学的贴切定义）作出贡献。

说来奇怪，这恰恰是当初文化研究发端时的切入点。理查德·霍加特本人觉察到自己的领域——现代主义文艺批评——需要与社会科学相结合。这成了他在当代文化研究中心（Centre for Contemporary Cultural Studies）早期的研究计划。他寻求社会学者阿伦·沙托沃斯（Alan Shuttleworth）参与该计划。后者宣读了一篇关于“马克斯·韦伯”和“文化科学”的论文（Shuttleworth，1966）。这一主题后来受到文化研究的另一个先驱者雷蒙德·威廉姆斯（Raymond Williams）的关注。1973 年，他给国家学位委员会（Council for National Academic Awards）作了一次演讲。这一委员会负责利用新的综合性技术院校来实现英国高等教育课程的现代化。这些技术院校的学位需要该委员会认可。[2] 威廉姆斯利用这个场合提出了一项新的主张。他在老派的人文学科中工作多年，这样做的风险，他心知肚明。

212

> 我们可以接着做过去做过的，无论怎样，都不会遭到任何质疑。但是，如果我们提点新的建议，没有人怀疑我们的正直

> 人格就算幸运了；更不用说，我们会被认为不聪明和不理智而被弃如敝屣。（Williams，1974）

威廉姆斯毫不畏惧，接着说：“我要描述的是一种文化研究的路径，是‘文化科学’的英文说法。”威廉姆斯回顾了针对文化所作的研究。从现代早期试图将其理解为受精神或者意识驱动的人的普遍性发展，到马克思主义关于将文化视为物质生产的看法。他想要更进一步，将文化科学的“中心问题”归纳为“不同实践之间的关系”，因而将传播学本身视为可以经得起文化科学分析检验的一种实践。他延续韦伯和狄尔泰的做法，从欧洲大陆的社会学中借用了这个名词。值得一提的是，困扰英语国家学界的人文和科学的割裂和分野并不为欧洲大陆学家所知。在欧洲大陆，“人文科学”是科学的一部分，因为科学泛指所有的知识，而不仅仅是穿白大褂做实验所获得的成果。威廉姆斯被“文化科学”的开放性特征所吸引。以下是他想要作为“文化科学”翻译到英文中来的东西：

> 从这种论述中，在探讨不同实践之间的关系时，出现了一个新的文化科学的概念，随之而来的是现代社会学的大部分内容……这种学科的精神——有成千上万的人的贡献在其中——是极为开放、警醒和全面的。它曾经历过激烈的，甚至是卑劣的争议，这是可以理解的。但在气度和方法上，它处于一个完全不同的维度之中。不像我们，在自己的小小世界里卑微地耕耘，只埋头于自己的领域……
>
> 我重新回顾文化科学的精神，因为我对它的后来者感兴趣。它的后来者将改变其方法，但会继承其充沛而普遍的人文关怀……这一定会实现。因为我认为现在有足够的人希望能按照这种方式去工作，去应对特殊利益的辩护，去承受无休止的挫

> 折乃至更加根深蒂固的当代正统文化的惰性，去宣布一个事实上公开的计划：我们将用新的方法，以试错的方式，公开去做这项工作，因为它势在必行。（Williams，1974）

“成千上万的人们”及其后来者有一个“公开的计划”。他们在理论上以系统的方法，在实践中以试错的方式，本着“充沛而普遍的人文关怀”的精神，试图研究不同实践之间的关系：而这依然仅仅是文化科学的序幕，尽管这一事业本身已经脱胎换骨，因为其研究的是实践中的进化论变革，而不仅仅是其结构性的关系，如我参与编写的这一《文化研究临时宣言》所述：

214

> 《文化科学使命之临时宣言》：
>
> - 创意生产力一直以来都是从人的互动中产生，但日益为技术所媒介化。这些技术将主观的心灵呈现为网络。而在这些网络中，已存储的事件不断地被散步和读取，时间和空间因而被压缩。
> - 这一“社会网络经济”中人的互动创造出一系列不间断的临时性社群和新兴的创业机会。意料结果的出现不是例外，而是常态。
> - 这一“创造性破坏”过程，由人文科学结合动态的进化论科学来加以研究最为恰当。这种科学研究通过变异、互动、选择和偏移等方式实现持续变革。
> - 因而文化研究寻求理解过去和现在的知识社会演化的过程，以描绘未来创意生产力（既有市场的，也有社区的）的可能图景，以便公共政策和企业战略作相应调整。（<cultural-science.org/>）

文化研究需要回归其文化科学的根源，目前尤为急迫。因为其有被超越、替换和取代的危险。我们可以观察到一个长期的趋势，很多曾经归类在人文范畴内的学科，如生物学（曾经是“自然史”）、地理学、经济学和心理学等，都慢慢而又坚定地转向了数学性科学。有些学科，尤其是心理学和神经科学，在解释文化时变得越来越自信。进化论科学也如此，如博弈论，复杂性理论和进化论等。的确，只有进化这一概念——即复杂性的动态系统对变化的适应——才能把人文学科和科学重新聚拢在一起，尤其是进化论经济学、文化研究和创意产业。对创造力的前沿研究在于综合三个领域的研究：进化论、复杂性理论和创造性革新。这种跨学科的方式是反直觉的，然而极具成效：

215

- 创意可以理解为对复杂系统内不可预知变化的反身性适应（reflexive adaptation）。
- 复杂性研究解释为什么社会网络市场对于选择的分布而言是一项推动性的关键技术。
- 进化论专注于知识增长中的变革机制。

文化科学找出复杂社会网络中的行为模式：它们过去的演化进程和未来可能的发展场景，包括关注某一特定时刻的选择带来的预料之外的结果。有时候这项工作必须涉及数学模型、计算研究能力（computational research power）、大规模数据收集，而且需要比以往更加关注强大的实证方法。这些方法可以帮助人文学科的研究者（包括文化研究、民族志以及创意艺术等）重新认识创造力，将其作为动态系统中能动性的一种特质。但对于有些人来说可能会比较痛苦：文化科学的实践中必须用到另一种数字读写能力——数学。正如人工智能的先驱者约翰·麦卡锡（John McCarthy）在他的标志性口号中所说的：“不肯做数学运算的人注定要胡说八道。”够刻薄！

216

但是越来越显得中肯，即使对那些在人文领域工作的人也是如此。

反身性创意促使人类文化去适应和变化。这个过程——尽管在过去的千年中出现过一些“大灭绝”——推动了知识的指数级增长，并不断带来文化和经济的新的价值观。文化不能再被视为艺术家的领地。数以亿计的人们在遍及全人类的各种社会网络中交往互动，其活动和生产力就构成了文化。随着数字媒介的日益普及，这些活动正在变成比工业创新更加有活力的生产力之源。而正是在这儿，我们会找到最重要的“数字媒介的用途”。社会网络的“人群”胜过了受版权保护的“实验室”，并且以两倍于后者的速度赶超。这种创新如何发生？最好的例子来自科学本身。天文学家和物理学家使用数字网络提升运算的规模和速度。这样的模式在时装业同样奏效。在这个需要持续不断创新的行业，存在一种崇尚风险的文化，决定个人选择的是复杂的社会网络市场。这样的系统可以用人文领域的微观的文本研究方法来分析，也可以使用计算科学的方法，描绘关于选择的种种社会网络的图景，考量人们在扮演文化身份和展示种种关系（与自己及他人）的方式上有何不同。在互联网和网络研究中，这种做法早就不新鲜了。为了建立模型，展示这样的行为在复杂的适应性系统中呈现何种模式，以及个人和企业如何驾驭这些系统，理论建构是必不可少的。

217 这对数字读写能力及其用途意味着什么呢？我们正在为个人的创造性革新建立模型，在宏观和系统的层面上分析这种大规模的全民参与的知识生产过程。没有数字读写能力，这种个体的创新就不可能实现。在这一语境下，最重要的问题都与参与有关，个人如此，企业也是如此。因为他们要与工业时代的专业人士竞争资源和用户。从这个角度上看，相对于现有的经济增长和文化参与模式，创意产业和新的数字媒介可以视为一种“创意落锤”（creative wrecking ball’）或者“实验室”。我们坚信，在经济和文化分析领域，对有些根深蒂固的知识范式的“创造性破坏”早延宕已久了。应该在接下来的几年里在实证和理论建构的研究方面确定重点。有些具有挑战性的观点已经付诸实施了。例如美国的圣达菲研究所（Santa Fe Institute）正在尝试建立计算社会科学。我们希望在文化和经济价值观领域内制定未来研究的原则和方向，逐步建立新的文化科学。在实证上，重点关注从封闭的专家体系（垂直整合的公司里的专业生产）和结构性分析向开放的创新体系和复杂适应性体系的转型，比如对社会网络市场的研究。需要解决的基本问题是，在一个集经济和文化为一体、利用系统内所有个人和企业能量的动态的复杂性开放系统中，知识如何演进。这就是数字读写能力的作用所在。

注　释

第一章

[1] Nadsat 语是《发条橙》原作者安东尼·伯杰斯创作出来的，有英语俚语、俄语等成分。

[2] 跟班（fag）在此语境中的含义可参见 <en.wikipedia.org/wiki/Fagging>。

[3] “Q”是阿瑟·奎勒－库奇爵士 (Arthur Quiller-Couch) 的笔名。他是康沃尔语作家，批评家，剑桥大学第一位英语语言文学教授，重要的英国文学文选编撰者（《牛津英诗集》)。

第二章

[1] 参见 <www.google.com/corporate/tenthings.html>。

[2] 该新闻条目出现的数日前有报道称切宁在那一财年中入账 3400 万美元，超过自己的老板鲁伯特·默多克（Rupert Murdoch）的收入。参见 <www.guardian.co.uk/media/2007/sep/07/citynews.business>。

[3] 参见 <johnaugust.com/glossary>。

[4] “闲钱”是乔治·伯纳德·肖（George Bernard Shaw）对于“资本”的称谓，他声称该术语出自经济学家杰文斯 (W. S. Jevons) 之口。（Shaw，1937：463）

[5] 参见戴维斯的讣告：<www.guardian.co.uk/Archive/Article/0,4273,4024597,00.html>。

[6] 选择包括认识到交易中的劣势与损失，但是这样的劣势与损失却依旧能够为处于劣势地位的一方带来收益。例如，学术作者们为了出版自己的作品常常选择（不得不）将作品的版权让渡给出版商，因而放弃了赢得读者的权利。

[7] 注意 B 与 C 的重叠部分形成了社交网络市场模型——包括枢纽与节点的自发协调网络。

[8] 参见 <www.culture.gov.uk/3084.aspx>。

[9] 来源：<www.hm-treasury.gov.uk/budget/budget_06/bud_ bud06_ speech.cfm>。

[10] 参见 <www.iipa.com/pdf/IIPA2006CopyrightIndustriesReportPressReleaseFINAL01292007.pdf>。

[11] 来源：<www.culture.gov.uk/4848.aspx>。

[12] 来源：<www.industry.qld.gov.au/dsdweb/v4/apps/web/content.cfm?id=6738>。

[13] 澳大利亚 ARC 创意产业与创新重点研究中心（CCI）的“创意三叉戟”是一种计算创意产业中就业人数的方法，通过计算三大要素：“核心”创意工作人员、创意产业中的“支持”岗位以及其他类型公司中“嵌入”的岗位（Higgs et al., 2008）。

[14] 英国国家科技艺术基金会：《创意增长：英国如何发展世界级的创意产业》，英国国家科技艺术基金会，伦敦，2006 年，第 55 页。

[15] 其“提供商”视角使得英国国家科技艺术基金会提议实施更为严格的互联网协议体系，这与“分享知识”的用户引导型创新工作背道而驰。（NESTA，2006：41）

[16] 参见 <www.culture.gov.uk/reference_library/minister_speeches/2097.aspx>。

[17] 引文出自 <www.culture.gov.uk/what_we_do/Creative_industries/creative_economy_programme.htm>，2008 年 2 月浏览，网页已被移除，但可以参见 <www.culture.gov.uk/images/publications/CEPFeb2008.pdf>（《创意英国》战略文件，2008 年）“创意中心”外层圆圈增加；也可参见 <www.cep.culture.gov.uk/index.cfm?fuseaction=main.viewBlogEntry&intMTEntryID=3104>（创意经济数据）。

[18] 威尔·哈顿与工作基金会（Will Hutton [& the Work Foun-dation]）：《保持领先：英国创意产业的经济表现》，英国文化媒体与体育部，伦敦，2007 年，第 103 页。

[19] 新闻工作者，博客写手杰·罗森（Jay Rosen）臆造了这一短语“以前被称为观众”；参见 <journalism.nyu.edu/pubzone/weblogs/pressthink/2006/06/27/ppl_frmr.html>。

[20] 登录维基百科可以查询该词条，或者查询 Comedy Central：<www.

comedycentral.com/sitewide/media_player/play.jhtml?itemId=24039>； 也 可 参 见 Scientificblogging (2008)。

[21] 参见 <setiathome.berkeley.edu/; worldwithoutoil.org/>。

第三章

[1] 大卫 · 威廉 · 纳什（David William Nash）在较早时期揭露了凯尔特宗教复兴主义的神秘主义（督伊德教的以及萨满教的［druidic and shamanistic］）主张，比如与艾欧罗 · 莫干王（Iolo Morgannwg）联系在一起的主张，但是，这些主张在新时代圈子里仍然十分流行（Matthews，2002）。相反，纳什主张进行历史分析与语境分析，并主张精确翻译（Nash，1858）。纳什的主张这里要加以推进，诗人是中世纪社会中受到监管的群体，发挥着制度化的文化功能，虽然科技在变化，这一功能却在继续。参见 Ford （1992）以及 Guest （1849）。

[2] “塔利辛”至今仍然是一个知名的品牌。其中，采用这一名字的有一份知名的威尔士期刊，天鹅海的一家艺术中心，以及数量众多的私有公司，不消说其在建筑中获得的新生——建筑大师弗兰克 · 劳埃德 · 赖特（Frank Lloyd Wright）的家。此外，“诗人功能”也已成为一个品牌，从自己的起源出身中解放出来，例如与其同名的博客：<eekbeat.blogspot.com/>。

[3] 关于流浪诗人及馈赠品的管理，参见 Nash，1858: 33, 179；Morris，1889: 12–13；也可参见 <www.llgc.org.uk/?id=lawsofhyweldda>。

[4] 戈兰 · 索尼森：《文化符号学中自然与文化的限制》（“The limits of nature and culture in cultural semiotics”），Richard Hirsch（主编）：《瑞典符号学研究学会第四届双年会论文集》（*Papers from the Fourth Bi-annual Meeting of the Swedish Society for Semiotic Studies,*）Linköping University，1997 年 12 月；以及《现代主义文化：从艺术的侵越到侵越的艺术》（“The culture of Modernism：From transgressions of art to arts of transgression”），M. Carani & G. Sonesson （主编），Visio，3，3：《现代主义》（*Modernism*），2002 年，第 9–26 页。

[5] “在《荷马史诗》中，“*geras*”一词的意思是“荣誉的奖品，表彰荣誉的份额”……索伦（Solon）使用了“*geras*”一词，表明他……认为这种应得的表彰是他努力实施的、用以平息雅典人纷争的“分配公平性”的一部分（Balot，2001：87–8）。

[6] 参见 <cy.wikipedia.org/wiki/Categori:Barddoniaeth_Gymraeg>。

[7] 当代的一段文字（阅读可登录 <llandeilo.org/rhys_ap_gruffudd.php>）描述了有记录以来的第一次歌诗大会，其特征是公开竞赛，“公共”或者“私人”赞助，融合音乐与文字艺术，因此：

> 1176——瑞斯亲王（瑞斯·格拉法德）在卡迪根城堡举办了一次盛大的庆典活动，他主持了两组竞赛，一组竞赛在诗人之间进行，另一组在竖琴手、提琴手、吹笛手，以及各种乐器演奏者之间举行；亲王为两组竞赛的胜出者设立两把椅子，并且大加赏赐。亲王自己朝廷的一位年轻人，提琴手希本（Cibon）之子摘得了乐器歌咏赛的桂冠，圭内斯郡的诗人在诗歌比赛中获得胜利；其他所有游吟诗人从瑞斯亲王那里都得到丰厚的收获，可谓有求必应，人人皆有恩赏。这次大赛在举办前一年便已公布，消息遍布威尔士、英格兰、不列颠、爱尔兰以及其他很多国家。（出自《列王志》[*The Chronicle of the Princes*] 1176 年篇，财政委员会在案卷主事官（the Master of the Rolls）主持下于 1860 年出版。Allday 1981 年再版：附录 IV，该引文出自第 174 页）

[8] 格里菲斯（Griffith，1950: 141）关于前现代的歌诗大会如是写道：“诗人的会议……目的并不在于娱乐观众，也不在于创作文学作品，他们作为专业人士研究威尔士韵律学的规则，并且通过演出来确立该职业的领军人物以及资格等级。”

[9] 关于南非，参见 <www.sowetan.co.za/article.aspx?id=466044>（南非校园合唱大会，South African School Choral Eisteddfod）。关于澳大利亚，参见 Lees，2008 以及：

- <www.eisteddfod.org.au/aesa/history.html>（澳大利亚歌诗大会协会，Association of Eisteddfod Societies of Australia）
- www.queenslandeisteddfod.org.au/content/view/3/1/（昆士兰歌诗大会学会，Eisteddfod Society of Queensland）
- <www.nationaleisteddfod.org.au/>（澳大利亚国家歌诗大会，Australian National Eisteddford）

在威尔士众多主流歌诗大会中，除了校园与社群中心数以千计的歌诗大会以外，还包括：

- 斯诺登歌诗大会（国家级：<www.eisteddfod.org.uk/english/>）
- 威尔士青年联盟（<www.urdd.org/eisteddfod/?lng=en>）
- 兰戈伦国际音乐大会（<www.international-eisteddfod.co.uk/>）。

[10] 关于布莱恩·特菲尔（Bryn Terfel）的传记，参见 <www.musicianguide.com/biographies/1608002839/Bryn-Terfel.html>。

[11] 参见 <www.rockchallenge.com.au/modules.php?op=modload&name=PagEd&file=index&topictoview=1>。

[12] 参见 <www.rockchallenge.jp/>。

[13] 日本摇滚乐挑战赛“创建一个主题”的摘要摘自 <www.globalrockchallenge.com/jp/modules/PagEd/media/creatingatheme_eng.pdf >。

第四章

[1] YIRN 的首席调查员曾为约翰·哈特利以及格雷格·赫恩（Greg Hearn）；研究人员包括 Jo Tacchi 以及 Tanya Notley。YIRN 作为 ARC 的联络项目得到资助，合作伙伴包括昆士兰艺术局（Arts Queensland）、布里斯班市政厅、昆士兰青年事务办公室（ Queensland Office of Youth Affairs）以及昆士兰音乐处（Music Queensland ）。（Hartley et al.，2003）

[2] 多数澳大利亚学校禁止在校内使用 YouTube 以抵制“网络暴力”（cyber-bullying），参 见 <www.australianit.news.com.au/story/0,24897,21330109-15306,00.html>。想要了解大学教学中禁止使用互联网交互功能的教育理念方面的讨论，参见 <www.theargus.co.uk/news/generalnews/display.var.1961862.0.lecturer_bans_students_from_using_google_and_wikipedia.php>。

[3] 参见 <youtube.com/watch?v=-_CSo1gOd48>。

[4] 参见 <youtube.com/user/lonelygirl15>；也可参见维基百科中的词条，声称在不同的平台上《寂寞女孩 15》的观看次数合计超过 7000 万次（2007 年 9 月），包括 YouTube，Revver，metacafe，LiveVideo，Veoh，Bebo and MySpace。

[5] 参见 <youtube.com/watch?v=l6z60GWzbkA>。

[6] 有些文化科学家对巴拉巴斯的偏好连接概念持有不同意见，更加倾向于一种随机复制模式。参见 Bentley & Shennan, 2005。YouTube 可以作为一个“存活的实验”来检验这些对于社交网络如何发展演化的不同解释。

[7] 登录 Youtube 查看全部发言内容 <youtube.com/watch?v=faMTYPYfDSE&feature=related>，以及 <youtube.com/watch?v=0z9RIjGWpJk&feature=related>（本章引用的章节来自于第二个片段）；也可参见 <www.whitehouse.gov/news/releases/2003/05/20030501-15.html>。

[8] 在网上搜索“mission accomplished”会出现接近 900 个视频文件（2008 年 4 月）。例如，<youtube.com/watch?v=-GJUGUYsm68>（ABC 在发言前的新闻报道），以及 <youtube.com/watch?v=l1fjmr-Kmxk&feature=related>（林肯号航空母舰上发言视频片段的重新制作版本）。

[9] 同时参见 Michiko Kakutani (2005)，“The plot thins, or are no stories new?”，《纽约时报》4 月 15 日刊，可登录 <www.nytimes.com/2005/04/15/books/15book.html>。

[10] 参见 <en.wikipedia.org/wiki/Maslow's_hierarchy_of_needs>（马斯洛），以及 <en.wikipedia.org/wiki/Analytical_psychology>（荣格）。

[11] 改编自克里斯·贝特曼（Chris Bateman）在其博客《只是一场游戏》(*Only a Game*）中关于布克的想法的描述。参见 <onlyagame.typepad.com/only_a_game/2005/10/the_seven_basic.html>。

[12] 英国的媒体监管机构英国通讯传播委员会（Ofcom）拥有在英国普及媒体读写能力的法定义务。经过广泛的协商之后该部门给出了媒体读写能力的定义：“媒体读写能力是在各种背景中接触、理解并创建沟通的能力。”参见 <www.ofcom.org.uk/consult/condocs/strategymedialit/ml_statement/>；欲了解 Ofcom 媒体读写能力的系列报告，参见 <www.ofcom.org.uk/advice/media_literacy/medlitpub/medlitpubrss/>。

第五章

[1] 昆士兰科技大学的数字故事讲述方面的工作一直是分散的、替代的、合作式的、对话式的，应该向众多同事致谢，尤其是 Jean Burgess, Helen Klaebe, Kelly McWilliam, Angelina Russo, Jo Tacchi，以及 Jerry Watkins。

[2] 本着参与的精神，笔者是数字故事讲述的实践者，在一个昆士兰科技大学的工作坊中制作完成了 *Perfect Rock*（2004），在丹尼尔麦多思教授的研究生课程中与 Sandra Contreras 以及 Megan Jennaway 共同创作了 *Brisbane's Best Tree* (2005)。

[3] “数字故事讲述——加利福尼亚出口品的批判叙述”（组织者：Knut Lundby），国际传播协会年会预备会议，2007 年 5 月 24 日。国际传播协会主席姗雅·利文斯通 (Sonia Livingstone) 主持了 2008 年年会的一个专家组会议。

[4] 即，战胜怪兽、白手起家、探索、航行与归航、轮回、喜剧、悲剧。（Booker 2004）参见第四章；也可参见 <www.telegraph.co.uk/arts/main.jhtml?xml=/arts/2004/11/21/boboo21.xml>：“或许基本的情节模式只有七种，但是故事的数量却

是成千上万。我们口中的名著就是能够从众多作品中脱颖而出的，其读者的伟大之处在于他们给予每部作品的独特之处以应有的重视。”

[5] 语出理查德 · 格兰特（Richard E. Grant）,<www.imdb.com/name/nm0001290/bio>。

[6] 参见 <www.panslabyrinth.com/>。

[7] 参见丹尼尔麦多思自己的故事版本 <www.commedia.org.uk/about-cma/cma-events/cma-festival-and-agm-2006/speeches/daniel-meadows-speech/>。

[8] “Mae DS 2 yn anelu at ysbrydoli, annog a dangos i chi bosibiliadau cyffrous y maes Adrodd Straeon Digidol *os ydych yn gweithio mewn addysg, y gymuned neu fel artist*”(<www.aberystwythartscentre.co.uk/information/Digitalstorytelling.shtml>)。——笔者注

[9] 例如，2003 年英国电影与电视艺术奖（BAFTA Cymru）最佳新媒体奖。

[10] 参见 <www.youtube.com/watch?v=RSHziqJWYcM>，以及维基百科。

[11] 参见 <www.bbc.co.uk/wales/capturewales/about/>。

[12] 参见德里克 · 马尔科姆（Derek Malcolm）关于罗伯特 · 弗拉哈迪的《北方的纳努克》(*Nanook of the North*）的评论 <film.guardian.co.uk/Century_Of_Films/Story/0,,160535,00.html>。

[13]《夜邮》(*Night Mail*）是格利尔森风格的，而并非格利尔森本人拍摄的；参见 <www.screenonline.org.uk/film/id/530415/index.html>；关于纪录片中的专长问题，参见 Hartley，1999：92–111 中探讨住房问题的章节。

[14] 例如，佛莱德里克 · 威斯曼（Frederick Wiseman）的《提提卡失序记事》(*Titicut Follies*，1967)；参见 Miller，1998。

[15] 参见 <www.imdb.com/title/tt0139612/>。

[16] 该电影可以在以下网址观看 <www.moviemail-online.co.uk/films/9186>。

[17] 参见 <www.amazon.com/Waiting-Fidel-Michael-Rubbo/dp/B0002XL1P8>。

[18] 参见 <www.imdb.com/name/nm0747808/>。

[19] <www.allaboutolive.com.au>。

[20] 奥利弗 · 雷莉（年龄 107 岁），关于其肖像，参见 <www.allaboutolive.com.au>；<www.smh.com.au/news/web/seniors-circuit/2007/05/16/1178995169216.html?page=2>（《悉尼晨报》对奥利弗、拉博及其博客的报道）；<abc.net.au/tv/guide/netw/200602/programs/ZY7518A001D13022006T213500.htm>（拉博的电影）；以及 <www.abc.net.au/westqld/stories/s1881943.htm>（澳大利亚广播公司西昆士兰部关于该博客的报道，呼吁观众发送照片）。奥利弗 · 雷莉于 2008 年 7

月 12 日去世，享年 108 岁，参见 <www.allaboutolive.com.au/2008/07/21/olives-funeral-and-what-id-prepared/>。

[21] 拉博回复了几乎博客上的每一条评论。下面的交流解释了他与科技的关系（注意：评论是针对奥利弗作出的，而拉博则是以自己的身份进行了回复）：

2007 年 5 月 18 日下午 2:06 丽莎·罗胡玛写道：亲爱的奥利弗，我也是你博客的粉丝！我想了解你对于很多老年人不玩博客这一现象有什么想法。（我在伯恩茅斯大学读硕士，正在做一些关于“银发上网族”以及网络方面的研究。）祝好，丽莎

你好，丽莎。自从我们在美国的一位读者知道了我的年龄并且对我如此喜欢博客表示惊讶之后我就一直在思考你所问的这个问题。事实上，我每天也都受到很多限制，但最终还是克服了对电脑及其操作的恐惧心理。我想这其实是一个思维定式的问题。一旦我下定决心认为这是可以做到的并且决心去学习，问题就变得简单多了。

埃里克·夏克尔（Eric Shacle）年龄大概有 87 岁了，是世上最年长的电子新闻工作者，认识他或许也对我有所帮助。但是埃里克表示自己无法做到我当前所能做到的事情，并且抱有一种“我也就这样了”的一种态度。我觉得他很可能会改变自己的想法和态度。

例如，我非常喜欢拍摄照片，并且经过几个步骤，我就可以把照片 (1) 移出相机，(2) 保存到“我的照片”中，(3) 载入 photoshop 进行剪辑与色平衡操作，并且不久就可以 (4) 张贴到博客中新的帖子中去。

但是如果你问我怎么把文字放置在同一照片的周围，而不是像我现在所用的文字图片交叉使用的方式，我就又不知道该从何入手了。

先前再走这一步看上去与我刚开始接触现在我所熟悉的东西的时候一样神秘一样遥远。但是，区别就在于现在我是这样想的：“嗯，事实上那也一定是很简单的事情，只要我像以前那样再多学习一点东西就搞定了。”

最糟糕的是出了什么差错却不知道原因何在从而对整个事情丧失很大信心。但是现在这种事情越来越少了。我好像越来越适应电脑的情绪变化和异常举动了。——助手麦克

第六章

[1] 参加 <www.drudgereport.com/>。

第七章

[1] 梦露茜是昆士兰科技大学的澳大利亚研究理事会联邦院士项目——多媒体用途的博士后研究员。

[2] 这是一句采访中的挖苦话，在出版时有改动。原话为："我对人们说他们喜欢听的，然后我做我自己想要做的。"意思是这两个动作直接存在因果关系。

第八章

[1] 参见维基百科：<en.wikipedia.org/wiki/King_Sunny_Ade>，以及 <www.afropop.org/explore/style_info/ID/18/juju/>。

[2] 国家学位委员会审定通过了英国第一批传播研究的学位课程。谢菲尔德城市技术学院（Sheffield City Polytechnic）于 1975—1976 年成为第一所获得通过的学校。1977 年，威尔士技术学院成为第二所获批传播研究课程的学校。我当时任该校课程委员会成员，委员会的召集人是约翰·菲斯科（John Fiske）。在为课程准备的过程中，我们合作撰写了《阅读电视》，并提出了"吟咏诗人功能"（bardic function）这一观点（见第三章）。

参考文献

ADAA [Australian Department of Aboriginal Affairs], Constitutional Section (1981), *Report on a review of the administration of the working definition of Aboriginal and Torres Strait Islander*, AGP, Canberra.

Advanced-television.com (2007, 17 September), ‘News Corp boss urges innovation’, accessible at <www.advanced-television.com/2007/Sep17_ Sep21.htm>.

The Age (2004), ‘How a “forbidden” memoir twisted the truth’, 24 July, accessible at <www.theage.com.au/articles/2004/07/23/1090464860184.html>.

Allday , D. Helen (1981), *Insurrection in Wales: The Rebellion of the Welsh Led by Owen Glyn Dwr*, Appendix IV, Lavenham, Terence Dalton, Suffolk.

Althusser , Louis (2001), *Lenin and Philosophy and other essays*, NLB, London; Monthly Review Press, New York, accessible at <www.marx2mao. com/Other/LPOE70NB. html>.

Andersen , Robin (2006), *A Century of Media, A Century of War*, Peter Lang, New York.

Annan Report (1977), *Report of the Committee on the Future of Broadcasting*, chaired by Lord [Noel] Annan, HMSO, London.

Arrighi , Giovanni, Iftikhar Ahmad & Min-wen Shih (1996), ‘Beyond Western Hegemonies’, paper presented at the XXI Meeting of the Social Science History Association, New Orleans, Louisiana, 10–13 October 1996, accessible at <fbc. binghamton.edu/gaht5.htm>.

Arrighi, Giovanni (1994), *The Long Twentieth Century: Money, Power, and the Origins of*

Our Times, Verso, London.

Australian Financial Review (2004), ‘The secret life of teens’, 14 February, p. 20.

Balot, Ryan K. (2001), *Greed and Injustice in Classical Athens*, Princeton University Press, Princeton,NJ.

Barabási, Albert-László (2002), *Linked: The New Science of Networks*, Perseus Publishing, Cambridge, MA.

Barabási, Albert-László & Eric Bonabeau (2003), ‘Scale-free networks’, *Scientific American*, May, pp. 50–9, accessible at <www.nd.edu/~networks/Publication%20Categories/01%20Review%20Articles/ScaleFree_Scientific%20Ameri%20288,%2060-69%20(2003).pdf>.

Baran, Paul (1964), *On Distributed Communications: I. Introduction to Distributed Communications Networks*, Rand Corporation, Santa Monica, accessible at <www.rand.org/pubs/research_memoranda/2006/ RM3420.pdf>.

Baulch, Emma (2007), *Making Scenes: Reggae, Punk, and Death Metal in 1990s Bali*, Duke University Press, Durham, NC.

Beaton, Cecil (1991), *Chinese Diary and Album*, Oxford University Press, Hong Kong.

Beinhocker, Eric (2006), *The Origin of Wealth: Evolution, Complexity and the Radical Remaking of Economics*, Random House, New York.

Bentley, Alex & Stephen Shennan (2005), ‘Random copying and cultural evolution’, *Science*, Vol. 309, 5 August, pp. 877–9.

Bentley, Tom (1998), *Learning Beyond the Classroom: Educating for a Changing World*, Routledge, London.

Birchall, Clare (2006), ‘Cultural studies and the secret’, in Gary Hall & Clare Birchall, *New Cultural Studies: Adventures in Theory*, Edinburgh University Press, Edinburgh, pp. 293–311.

Booker, Christopher (2004), *The Seven Basic Plots: Why We Tell Stories*, Continuum, London.

Brecht, Bertholt (1979/80), ‘Radio as a means of communication: A talk on the function of radio’, *Screen*, 20:3/4, pp. 24–8.

Breward, Chris (2000), ‘Cultures, identities, histories: Fashioning a cultural approach to dress’, in Nicola White and Ian Griffiths (eds), *The Fashion Business: Theory, Practice, Image*, Berg, Oxford, pp. 23–36.

Brewer, Benjamin (2004), 'The long twentieth century and the cultural turn: World-historical origins of the cultural economy', paper presented at the annual meeting of the American Sociological Association, San Francisco, CA, 14 August, accessible at <www. allacademic.com/meta/ p109893_index.html>.

Bruns, Axel (2005), *Gatewatching: Collaborative Online News Production*, Peter Lang, New York.

Burgess, Jean & Joshua Green (2008), *YouTube: Online Video and Participatory Culture, Polity Press*, Cambridge.

Burgess, Jean & John Hartley (2004), 'Digital storytelling: New literacy, new audiences', paper presented at MiT4: The Work of Stories (Fourth Media in Transition conference), MIT, Cambridge (6–8 May), <web. mit.edu/comm-forum/mit4/subs/mit4_abstracts. html>.

Caldwell, John T. (2006), 'Critical industrial practice: Branding, repurposing, and the migratory patterns of industrial texts', *Television & New Media*, 7:2, pp. 99–134.

Campbell, Joseph (1949), *The Hero with a Thousand Faces*, Princeton University Press, Princeton NJ.

Carey, John (1992), *The Intellectuals and the Masses*, Faber & Faber, London.

Carpentier, Nico (2003), 'The BBC's *Video Nation* as a participatory media practice: Signifying everyday life, cultural diversity and participation in an online community', *International Journal of Cultural Studies*, 6:4, pp. 425–47.

Carter, Michael (2003), *Fashion Classics from Carlyle to Barthes*, Berg, Oxford.

CCPR [Centre for Cultural Policy Research] (2003), *Baseline Study on Hong Kong's Creative Industries*, University of Hong Kong for Central Policy Unit HKSAR, Hong Kong, accessible at <ccpr.hku.hk/recent_ projects.htm>.

Cheung, Angelica (2005, November), 'Visions of China', *Vogue* UK,no. 2488, vol. 171, pp. 113–18.

Coleman, Stephen (2005), 'New mediation and direct representation: Reconceptualising representation in the digital age', *New Media & Society*, 7(2), pp. 177–98.

College of Arms (n.d.), 'The History of the Royal Heralds and the College of Arms', accessible at <www.college-of-arms.gov.uk/About/01.htm>.

Collier, Paul & Anke Hoeffler (2002), 'The political economy of secession', WorldBank/ Centre for the Study of African Economies, University of Oxford, and International

Peace Research Institute, Oslo, accessible at <users.ox.ac.uk/~ball0144/self-det.pdf>.

Connell, Iain (1984), 'Fabulous powers: Blaming the media', in Len Masterman (ed.), *Television Mythologies: Stars, Shows, Signs*, Routledge/ Comedia, London, pp. 88–93.

Cultural Studies Now (2007), *Cultural Studies Now: An international conference*,University of East London.Videos of the keynote speakers can be viewed at <www.uel.ac.uk/culturalstudiesnow/>.

Cunningham, Stuart, John Banks & Jason Potts (2008), 'Cultural economy: The shape of the field', in Helmut K. Anheier & Yudhishthir Raj Isar (eds), *The Cultural Economy* (Cultures and Globalization Series), Sage Publications, Newbury Park, pp. 15–26.

Danwei (2007), 'Is the fake news story fake news?', Danwei.org [Jeff Goldkorn], 20 July, accessible at <www.danwei.org/media_regulation/ fake_news_about_fake_news_abou.php>.

Danwei.org (2005, 11 August), '*Vogue* China launches' (Jeremy Goldkorn), accessible at <www.danwei.org/media_and_advertising/vogue_china_ launches.php>.

Dash, Anil (1999), 'Last refuge of the parentheticals?', Anil Dash blog, 15 August, accessible at <www.dashes.com/anil/1999/08/last-refuge-of. html>.

Derrida, Jacques (1976), *On Grammatology*, Johns Hopkins University Press, Baltimore.

Dodson, Mick (1994), 'The Wentworth Lecture: The end in the beginning: Re(de)fining Aboriginality', *Australian Aboriginal Studies*, vol. 1.

Dopfer, Kurt & Jason Potts (2007), *The General Theory of Economic Evolution* (3rd rev. edn), Routledge, London.

Dutton, Denis (2005), 'Upon a time', *Washington Post*, Sunday, 8 May, BW08, accessible at <www.washingtonpost.com/wp-dyn/content/ article/2005/05/05/AR2005050501385_pf.html>.

Dutton, Michael (1998), *Streetlife China*, Cambridge University Press, Cambridge.

Eco, Umberto (1986), *Travels in Hyperreality*, Harcourt Brace Jovanovich, San Diego & New York.

Enzensberger, Hans Magnus (1997), *Critical Essays*, Continuum Books, London & New York.

Enzensberger, Hans Magnus (1974), *The Consciousness Industry: On Literature, Politics, and the Media*, Seabury Press, New York.

Ericson, Richard, Paul Baranek & Janice Chan (1987), *Visualizing Deviance: A Study of*

News Organizations, Open University Press, Milton Keynes.

Esty, Jed (2004), *A Shrinking Island: Modernism and National Culture in England,* Princeton University Press, Princeton.

Felski, Rita (1989), *Beyond Feminist Aesthetics*, Harvard University Press,Cambridge.

Fishman, Ted (2004, 4 July), 'The Chinese century', *New York Times Magazine*, accessible at <www.nytimes.com/2004/07/04/magazine/04CHINA. html?ex=1246680000&en=127e32464ca6faf3&ei=5088&partner=rssnyt>.

Fiske, John & John Hartley (2003 [1978]), *Reading Television* (new edition), Routledge, London.

Florida, Richard (2002), *The Rise of the Creative Class: and How It's Transforming Work, Leisure, Community and Everyday Life* (with an introduction by Terry Cutler), Pluto Press, Melbourne.

Ford, Patrick K. (1992), *Ystoria Taliesin*,University of Wales Press, Cardiff.

Frow, John (1995), *Cultural Studies and Cultural Value*, Clarendon Press, Oxford.

Gans, Herbert (2004), 'Journalism, journalism education, and democracy', *Journalism & Mass Communication Educator*, 59(1), pp. 10–17.

Garnham, Nicholas (1990), *Capitalism and Communication: Global Culture and the Economics of Information*, Sage Publications, London.

Garnham, Nicholas (1987), 'Concepts of culture: Public policy and the culture industries', *Cultural Studies*, 1:1, pp. 23–38.

Gauntlett, David (1998), 'Ten things wrong with the "effects model"', in R. Dickinson, R. Harindranath & O. Linné (eds), *Approaches to Audiences – A Reader*, Arnold, London, accessible at <www.theory.org.uk/david/ effects.htm>.

Gauntlett, David (2005), *Moving Experiences: Media Effects and Beyond* (2nd edn), John Libbey, London.

Gibson, Mark (2007), *Culture and Power: A History of Cultural Studies*, Berg, Oxford; UNSW Press, Sydney.

Gibson, Mark (2002), 'The powers of the Pokémon: Histories of television, histories of the concept of power', *Media International Australia*, 104, pp. 107–15.

Gitlin, Todd (1993), *The Sixties: Years of Hope, Days of Rage* (rev. edn), Bantam, New York.

Given, J.L. (1907), *Making a Newspaper*, Henry Holt & Co., New York.

Goody, Jack & Ian Watt (1963), 'The consequences of literacy', *Comparative Studies in Society and History*, 5:3, pp. 304–45.

Goulden, Holly & John Hartley (1982), '"Nor should such topics as homosexuality, masturbation, frigidity, premature ejaculation or the menopause be regarded as unmentionable" . English literature, school examinations and official discourses', *LTP Journal: Journal of Literature Teaching Politics*, 1, April, pp. 4–20.

Green, K. & J. Sykes (2004), 'Australia needs journalism education accreditation', *JourNet international conference on Professional Education for the Media*, viewed 2 June 2006 at <portal.unesco.org/ci/en/ev.php-URL_ID=19074&URL_DO=DO_TOPIC&URL_SECTION=201.html>.

Griffith, Llewelyn Wyn (1950), *The Welsh*, Pelican Books, Harmonds-worth.

Guest, Lady Charlotte (1849), *The Mabinogion*, translated by Lady Charlotte Guest, accessible at <www.gutenberg.org/dirs/etext04/ mbng10h.htm> and at <ebooks. adelaide.edu.au/m/mabinogion/guest/ chapter12.html>.

Hall, Stuart (1981), 'Notes on deconstructing the popular', in R. Samuel (ed.), *People's History and Socialist Theory*, Routledge & Kegan Paul, London.

Hall, Stuart (1980), 'Cultural studies: Two paradigms', *Media, Culture and Society*, 2, pp. 57–72.

Hall, Stuart (1973), 'Encoding and decoding in the media discourse,' *Stencilled Paper*, no. 7, Birmingham, CCCS.

Hall, Stuart, Iain Connell & Lydia Curti (1977), 'The "unity" of current affairs television', *Working Papers in Cultural Studies*, 9.

Hall, Stuart, Chas Critcher, Tony Jefferson, John Clarke & Brian Robert (1978), *Policing the Crisis: Mugging, the State and Law & Order*, Hutchinson, London.

Halloran, James, Graham Murdock & Philip Elliott (1970), *Demonstrations and Communication: A Case Study*, Penguin Special, Harmondsworth.

Hansen, Sφren & Jesper Jensen (1971), *The Little Red Schoolbook*, Stage 1 Publications, London.

Harbage, Alfred (1947), *As They Liked It: An Essay on Shakespeare and Morality*, Macmillan, NewYork.

Hargreaves, David (2003), *Working Laterally: How Innovation Networks Make an Education Epidemic. Teachers Transforming Teaching*, Demos, London, <www.demos.

co.uk/workinglaterally>.

Hargreaves, Ian (1999), 'The ethical boundaries of reporting', in M. Ungersma (ed.), *Reporters and the Reported: The 1999 Vauxhall Lectures on Contemporary Issues in British Journalism*, Centre for Journalism Studies, Cardiff, pp. 1–15.

Hartley, John (2008a), *Television Truths: Forms of Knowledge in Popular Culture*, Blackwell, Oxford.

Hartley, John (2008b), 'The "supremacy of ignorance over instruction and of numbers over knowledge". Journalism, popular culture, and the English constitution', *Journalism Studies*, 9:5, August, pp. 679–91.

Hartley, John (2006), 'The best propaganda: Humphrey Jennings's The Silent Village (1943)', in Alan McKee (ed.), *Beautiful Things in Popular Culture*, Blackwell, Oxford, pp. 144–63.

Hartley, John (ed.) (2005), *Creative Industries*, Blackwell, Oxford.

Hartley, John (2004a), 'The "value chain of meaning" and the new economy', *International Journal of Cultural Studies*, 7(1), pp. 129–41.

Hartley, John (2004b), '"Republic of letters" to "television republic"? Citizen readers in the era of broadcast television', in L. Spigel & J. Olsson (eds), *Television after TV: Essays on a Medium in Transition*, Duke University Press, Durham, NC & London, pp. 386–417.

Hartley, John (2003), *A Short History of Cultural Studies*, Sage Publications, London.

Hartley, John (2000), 'Communicational democracy in a redactional society: The future of journalism studies', *Journalism: Theory, Practice, Criticism*, 1(1), pp. 39–47.

Hartley, John (1999), *Uses of Television*, Routledge, London.

Hartley, John (1996), *Popular Reality: Journalism, Modernity, Popular Culture*, Arnold, London.

Hartley, John (1982), *Understanding News*, Routledge, London.

Hartley, John & Kelly McWilliam (eds) (2009), *Story Circle: Digital Storytelling Around the World*, Blackwell, Oxford.

Hartley, John, Greg Hearn, Jo Tacchi & Marcus Foth (2003), 'The Youth Internet Radio Network: A research project to connect youth across Queensland through music, creativity and ICT', in S. Marshall & W. Taylor (eds), *Proceedings of the 5th International Information Technology in Regional Areas (ITiRA) Conference 2003*,

Central Queensland University Press,Rockhampton,pp.335–42.

Hawkes, Terence (1977), *Structuralism and Semiotics*, Methuen, London.

Herman, Edward S. & Noam Chomsky (1988), *Manufacturing Consent: The Political Economy of the Mass Media*, Random House, New York.

Higgs, Peter, Stuart Cunningham & Hasan Bakhshi (2008), *Beyond the Creative Industries: Mapping the Creative Economy in the United Kingdom*, NESTA, London, accessible at <www.nesta.org.uk/assets/Uploads/pdf/Research-Report/beyond_creative_industries_report_NESTA.pdf>.

Hilton, Paris (2004), *Confessions of an Heiress: A Tongue-in-Chic Peek behind the Pose*,Simon & Schuster/Fireside, New York.

Hoggart, Paul (2006), 'What my dad did for Lady Chatterley', *The Times*, 18 March, accessible at <entertainment.timesonline.co.uk/tol/arts_and_ entertainment/tv_and_radio/article740924.ece>.

Hoggart, Richard (1997), *The Tyranny of Relativism: Culture and Politics in Contemporary English Society*, Transaction Publishers, New Brunswick [published in the UK as *The Way We Live Now*].

Hoggart, Richard (1992), *An Imagined Life*, Chatto & Windus, London.

Hoggart, Richard (1960), 'The uses of television', *Encounter*, vol. XIV, no. 1, pp. 38–45.

Hoggart, Richard (1957), *The Uses of Literacy*, Chatto & Windus, London (1st pb edn, Pelican, Harmondsworth, 1958).

Hoggart, Simon (2006), 'Simon Hoggart's week', *Guardian*, 14 January, accessible at <www.guardian.co.uk/politics/2006/jan/14/politicalcolumnists.politics>.

Hooper, Beverley (1994a), 'From Mao to Madonna: Sources on contemporary Chinese culture', *Southeast Asian Journal of Social Science*, 22, pp. 161–9.

Hooper, Beverley (1994b), 'Women, consumerism and the state in post-Mao China', *Asian Studies Review*, 3, pp. 73–83.

Howkins, John (2002), 'Comments to the Mayor's Commission on the Creative Industries', London, in John Hartley (ed.) (2005), *Creative Industries*, Blackwell, Malden, MA & Oxford, pp. 117–25.

Hutton, Will [& the Work Foundation] (June 2007), *Staying Ahead: The Economic Performance of the UK Creative Industries,* DCMS, London, accessible at <www.culture.gov.uk/Reference_library/Publications/ archive_2007/stayingahead_epukci.

htm>.

The Independent (2006), ‘Bush “planted fake news stories on American TV”’, 29 May, accessible at <www.independent.co.uk/news/world/ americas/bush-planted-fake-news-stories-on-american-tv-480172. html>.

Jakobson, Roman (1958), ‘Closing statement: Linguistics and poetics’, in Thomas A. Sebeok (ed.) (1960), *Style and Language*, MIT Press, Cambridge MA, pp. 350–77.

Jenkins, Henry (2006), *Convergence Culture*, NYU Press, New York.

Jenkins, Henry (2004), ‘The cultural logic of media convergence’, *International Journal of Cultural Studies*, 7(1), pp. 33–44.

Jenkins, Henry (2003), ‘Games, the new lively art’, in J. Goldstein & J. Raessens (eds), *Handbook of Computer Game Studies*, MIT Press, Cambridge MA.

Jennings, Humphrey (1985), *Pandaemonium: The Coming of the Machine as Seen by Contemporary Observers*, André Deutsch/Picador, London.

Jones, Gwyn (1972), *Kings, Beasts and Heroes*, Oxford University Press, Oxford.

Keen, Andrew (2007), *The Cult of the Amateur: How the Democ-ratization of the Digital World Is Assaulting Our Economy, Our Culture, and Our Values*, Doubleday Currency, New York.

Lambert, Joe (2006), *Digital Storytelling: Capturing Lives, Creating Community* (2nd edn), Digital Diner Press, Berkeley, CA.

Lanham, Richard A. (2006), *The Economy of Attention: Style and Substance in the Age of Information*, Chicago University Press, Chicago.

Lawrence, D.H. (1960), *Lady Chatterley's Lover*, Penguin, Harmondsworth.

Leadbeater, Charles (2006), *We-think: The Power of Mass Creativity*, accessible at <www. wethinkthebook.net/book/home.aspx>.

Leadbeater, Charles (2002), *Up the Down Escalator: Why the Global Pessimists Are Wrong*, Viking, London.

Leadbeater, Charles (1999), *Living on Thin Air: The New Economy*, Viking, London.

Leadbeater, Charles & Paul Miller (2004), *The 'Pro-Am' Revolution*, Demos, London, accessed 2 June 2006 from demos.co.uk/catalogue/ proameconomy/.

Lee, Richard E. (2004), ‘Cultural studies, complexity studies and the transformation of the structures of knowledge’, *International Journal of Cultural Studies*, 10(1), pp. 11–20.

Lee, Richard E. (2003), *Life and Times of Cultural Studies: The Politics and Transformation of the Structures of Knowledge*, Duke University Press, Durham, NC.

Lee, Richard E. (1997), 'Cultural studies as *Geisteswissenschaften*? Time, objectivity, and the future of social science', accessible at <fbc.binghamton.edu/rlcs-gws.htm>.

Lees, Jennie Rowley (2008), *The Sydney Eisteddfod Story*: *1933–1941,* Currency Press, Sydney.

Leiboff, Marett (2007), *Creative Practice and the Law*, Thomson Lawbooks, Sydney.

Li, Xiaoping (1998) 'Fashioning the body in post-Mao China', in A. Brydon & S. Niessen (eds), *Consuming Fashion: Adorning the Transnational Body*, Berg, Oxford, pp. 71–89.

Lipovetsky, Gilles (1991), *The Empire of Fashion: Dressing Modern Democracy*, Princeton University Press, Princeton.

Lipton, Lenny (1974), *Independent Filmmaking*, Straight Arrow Books, San Francisco; Cassell, London (Studio Vista).

Lotman, Yuri (1990), *The Universe of the Mind: A Semiotic Theory of Culture*, Indiana University Press, Bloomington; I.B.Tauris, London.

Lovink, Geert (ed.) (2008), *My Creativity Reader: A Critique of Creative Industries*, Institute of Network Cultures, Amsterdam.

Lovink, Geert (2003), *Dark Fiber: Tracking Critical Internet Culture*, MIT Press, Cambridge, MA & London.

Lumby, Catharine (1999), *Gotcha! Life in a Tabloid World*, Allen & Unwin,Sydney.

McGuigan, Jim (1992), *Cultural Populism*, Routledge, London.

McWilliam,Erica(2007), 'Unlearninghowtoteach',paper for Creativity or Conformity? Building Cultures of Creativity in Higher Education, University of Wales Institute, Cardiff, in collaboration with the Higher Education Academy, 8–10 January, accessible at <www.creativityconference.org/presented_papers/McWilliam_Unlearning.doc>.

Matthews, John (2002), *Taliesin: The Last Celtic Shaman*, Inner Traditions/ Bear & Company, Rochester, VT.

MCEETYA [Ministerial Council on Education, Employment, Training &Youth Affairs] (2003), *Australia's Teachers: Australia's Future*, Department of Education Science & Training, Canberra.

Meadows, Daniel (2006), 'New literacies for a participatory culture in the digital age',

Community Media Association Festival & AGM <www. commedia.org.uk/about-cma/cma-events/cma-festival-and-agm-2006/ speeches/daniel-meadows-speech/>.

Miller, Toby (ed.) (2001), *A Companion to Cultural Studies*, Blackwell, Oxford.

Miller, Toby (1998), *Technologies of Truth: Cultural Citizenship and the Popular Media*, University of Minnesota Press, Minneapolis.

Morris, Edward D. (1889), 'The language and literature of Wales', *PMLA*, vol. 4, no. 1, pp. 4–18, accessible at <http://links.jstor.org/sici?sici=00308129%281889%294%3A1%3C4%3ATLALOW%3E2.0.CO%3B2-E>.

Morris, Meaghan (1990), 'Banality in cultural studies', in Patricia Mellencamp (ed.), *Logics of Television: Essays in Cultural Criticism*, Indiana University Press, Bloomington, pp. 14–43.

Nash, D.W. [David William] (1858), *Taliesin; or, The Bards and Druids of Britain. A Translation of the Remains of the Earliest Welsh Bards and an Examination of the Bardic Mysteries*, John Russell Smith, London, accessible at <books.google.com/books?id=SX4NAAAAQAAJ>.

NESTA [National Endowment for Science Technology & the Arts] (April 2006), *Creating Growth: How the UK Can Develop World Class Creative Businesses*, NESTA, London, accessible at <www.nesta.org.uk/ assets/pdf/creating_growth_full_report.pdf>.

Newman, Cardinal John (1907), *The Idea of a University: Defined and Illustrated*, Longmans Green, London, accessible at <www.newmanreader. org/works/idea/index.html>.

Oakley, Kate & John Knell (2007), *London's Creative Economy: An Accidental Success*?, The Work Foundation, London.

O'Connor, Justin & Gu Xin (2006), 'A new modernity? The arrival of "creative industries" in China', *International Journal of Cultural Studies*, 9(3).

OECD (2007), *Participative Web and User-Created Content: Web 2.0, Wikis and Social Networking*, OECD, Paris [authored by Sacha Wunsch-Vincent and Graham Vickery], accessible at <www. sourceoecd.org/scienceIT/9789264037465 and www.oecd.org/dataoecd/57/14/38393115.pdf>.

Ormerod, Paul (2001), *Butterfly Economics: A New General Theory of Social and Economic Behavior*, Basic Books, New York.

Owen, Sue (2005), '*The Abuse of Literacy* and the feeling heart: The trials of Richard

Hoggart', *Cambridge Quarterly*, 34(2), pp. 147–76.

Popper, Karl (1975), 'The rationality of scientific revolutions', in R. Harré (ed.), *Problems of Scientific Revolutions*, OxfordUniversityPress, Oxford.

Popper, Karl (1972), *Objective Knowledge*, Oxford University Press, Oxford.

Potts, Jason & Stuart Cunningham (2008), 'Four models of the creative industries', *International Journal of Cultural Policy*.

Potts, Jason, Stuart Cunningham, John Hartley & Paul Ormerod (2008), 'Social network markets: A new definition of the creative industries', *Journal of Cultural Economics* (accepted for publication March 2008).

Presser, Helmut (1972), 'Johannes Gutenberg', in Hendrik Vervliet (ed.), *The Book Through 5000 Years*, Phaidon,London&NewYork,pp. 348–54.

Rees-Mogg, William (2005), 'This is the Chinese century: America may believe it is still at the heart of events, but the future is being shaped on the margins', *The Times*, 3 January, accessible at <www.timesonline.co.uk/tol/comment/columnists/william_rees_mogg/article407883. ece>.

Rettberg, Jill Walker (2008), *Blogging*, Polity Press, Cambridge.

Rifkin, Jeremy (2000), *The Age of Access: How the Shift from Ownership to Access Is Transforming Modern Life*, Penguin, London.

Ritter, Jonathan (2007), 'Terror in an Andean key: Peasant cosmopolitans interpret 9/11', in Jonathan Ritter & Martin Daughtry (eds), *Music in the Post 9/11 World*, Routledge, New York, pp. 177–208.

Robinson, Ken (2001), *Out of Our Minds: Learning To Be Creative*, Capstone,Oxford.

Roodhouse, Simon (2006), *Cultural Quarters: Principles and Practice*, Intellect Books, Bristol.

Schiller, Herbert (1989), *Culture, Inc.: The Corporate Takeover of Public Expression*, Oxford University Press, New York.

Scientificblogging (2008), 'Stephen Colbert's "truthiness" scientifically validated',S cientificblogging.com News, 24 January, accessible at <www.scientificblogging.com/news_releases/stephen_colbe-rts_truthiness_scientifically_validated>.

Shannon, Claude E. (1948), 'A mathematical theory of communication', reprinted from *The Bell System Technical Journal*, vol. 27, pp. 379–423,623–56, July, October, accessible at< cm.bell-labs.com/cm/ms/what/shannonday/shannon1948.pdf>.

Shaw, George Bernard (1937), *The Intelligent Woman's Guide to Socialism,Capitalism, Sovietism and Fascism* (2 vols), Pelican Books, Harmondsworth (first published 1928).

Shenkar, Oded (2004), *The Chinese Century: The Rising Chinese Economy and Its Impact on the Global Economy, the Balance of Power, and Your Job*, Wharton School Publishing, Philadelphia.

Shirky, Clay (2008), *Here Comes Everybody: The Power of Organizing Without Organizations*, Penguin, New York.

Shuttleworth, Alan (1966), *Two Working Papers in Cultural Studies – A Humane Centre and Max Weber and the 'Cultural Sciences'* (Occasional Paper no. 2), Centre for Contemporary Cultural Studies, Birmingham University.

Sinfield, Alan (1997), *Literature, Politics and Culture in Postwar Britain* (rev. edn), Continuum, London.

Sokal, Alan D. (2000), *The Sokal Hoax: The Sham that Shook the Academy* (edited by the editors of *Lingua Franca*), University of Nebraska Press,Lincoln.

Sonesson, Göran (2002), 'The culture of Modernism: From transgressions of art to arts of transgression', in M. Carani & G. Sonesson (eds), *Visio*, 3, 3: *Modernism*, pp. 9–26, accessible at <www.arthist.lu.se/kultsem/ sonesson/Culture%20of%20Mod3.html>.

Sonesson, Göran (1997), 'The limits of nature and culture in cultural semiotics', in Richard Hirsch (ed.), *Papers from the Fourth Bi-annual Meeting of the Swedish Society for Semiotic Studies*, Link-öping University, December, accessible at <www.arthist.lu.se/kultsem/sonesson/ CultSem1.html>.

Steele,Valerie(2000), 'Fashion:Yesterday,today and tomorrow',inW. White & I. Griffiths (eds), *The Fashion Business: Theory, Practice, Image*, Berg, Oxford, pp. 7–20.

Stevens and Associates (2003), *The National Eisteddfod of Wales: The Way Forward*, Eisteddfod Genedlaethol Cymru, Cardiff, accessible at <www. bwrdd-yr-iaith.org.uk/download.php/pID=44756>.

Tacchi, Jo, Greg Hearn & Abe Ninan (2004), 'Ethnographic action research: A method for implementing and evaluating new media technologies', in K. Prasad (ed.), *Information and Communication Technology: Recasting Development*, BR Publishing Corporation, Delhi.

Terranova, Tiziana (2000), 'Free labor: Producing culture for the digital economy', *Social Text*, 63, vol. 18, no. 2, Summer, pp. 33–57, accessible at <www.btinternet.

com/~t.terranova/freelab.html>.

Terranova, Tiziana (2004), *Network Culture: Politics for the Information Age*, Pluto, London.

Throsby, D. (2001), *Economics and Culture*,Cambridge University Press, Cambridge.

Turner, Graeme (2005), *Ending the Affair: The Decline of Current Affairs in Australia*, UNSW Press, Sydney.

Turner, Graeme (2002), *British Cultural Studies* (3rd edn), Routledge, London.

UN (1948), *Universal Declaration of Human Rights*, adopted by the General Assembly of the UN, 10 December, viewed 2 June 2006 at <unhchr.ch/ udhr/miscinfo/carta.htm>.

UNFPA (2007a), *State of World Population 2007*, accessible at <www. unfpa.org/ swp/2007/english/introduction.html>.

UNFPA (2007b), *Growing Up Urban: State of World Population 2007, Youth Supplement*, p. v, accessible at <www.unfpa.org/upload/lib_pub_ file/ 702_filename_youth_swop_eng.pdf>.

Veblen, Thorstein (1899), *The Theory of the Leisure Class*, Bantam, New York, accessible at <xroads.virginia.edu/~hyper/VEBLEN/veblenhp.html>.

Veblen, Thorstein (1964), 'The economic theory of womens' dress,' in Leon Ardzrooni (ed.), *Essays in Our Changing Order: The Writings of Thorstein Veblen*, Augustus M. Kelly, New York.

Vonnegut, Kurt (1981), *Palm Sunday: An Autobiographical Collage*,Jonathan Cape, London.

Warner, Michael (2002), *Publics and Counterpublics*, Zone Books, New York.

Whitman, Walt (1883 [1995]), *Specimen Days and Collect*, Dover, NewYork.

Who, The (1973), 'Helpless dancer', *Quadrophenia* (lyrics accessible at <www. quadrophenia.net/>).

Williams, Raymond (1974), 'Communications as cultural science', *Journal of Communication*, 24 (3), pp. 26–38.

Williams, Raymond (1973), 'Base and superstructure in Marxist cultural theory', *New Left Review*, I/82, accessible (fee) at <newleftreview. org/?page=article&view=1568>.

Williams, Raymond (1961), *Culture and Society 1780–1950*, Penguin,Harmondsworth.

Windschuttle, Keith (2000), 'The poverty of cultural studies', *Journalism Studies*, 1(1), pp. 145–59.

Zhao, Feifei (2005, 21 July), 'China's in vogue so *Vogue's* in China', *China View* (www.chinaview.cn), accessible at <news.xinhuanet.com/english/2005-07/21/content_3248190.htm>.

Zittrain, Jonathan (2008), The Future of the Internet – and How to Stop It,Yale University Press, Cambridge; Penguin Books, London, accessible at <futureoftheinternet.org/>.

致　谢

最重要的谢意，要献给理查德·霍加特（Richard Hoggart）的工作和事业。他不一定记得，是他在20世纪70年代启动了我的事业。当时作为伦敦大学金史密斯学院学监的他，拒绝给我一份教授莎士比亚戏剧的讲师工作，尽管我当时是特伦斯·霍克斯（Terence Hawkes）的狂热信徒，而霍克斯是那个时代最具煽动性的莎士比亚学者。相反，霍加特鼓励我继续从事文化和媒介研究领域这项新奇古怪的工作。我听了他的建议。以他的观点为引子，燃烧我自己的思想火花，这不是第一次。我的《电视的用途》（1999）和《文化研究简史》（2003）两部专著尤其得益于他。理查德·霍加特一直以来堪称楷模，而这不仅仅是因为他愿意投身公共政策和体制现代化，而且还能不断推出有影响力的批判性、新闻性和学术性的著述。所以，我非常自豪地再次借用他的书名，并将此书献给他。我非常清楚，他可能对本书的某些主张和观点嗤之以鼻。

我要感谢我的联邦研究员项目团队过去和现在的成员。他们激发了我未来研究的灵感。

- 约翰·班克斯（John Banks）博士、吉恩·伯吉斯（Jean Burgess）博士、梦露茜（Lucy Montgomery）博士、凯莉·马克威廉（Kelly McWilliam）博士、艾丽·瑞利（Ellie Rennie）博士

• 乔什华·格林（Joshua Green）博士、包建女（Bao Jiannu）博士、沃尔特克·肯扎（Woitek Konzal）博士、李惠博士、李四玲博士、托马斯·裴左德（Thomas Petzold）博士、安聂塔·博得卡利卡（Aneta Podkalicka）、克里斯汀·斯密特（Christine Schmidt）、吉娜·泰（Jinna Tay）博士、夏浓·威利（Shanno Wylie）博士

• 尼基·亨特（Nicki Hunt）、瑞贝卡·德宁（Rebekah Denning）、克莱尔·卡林（Claire Carlin）、 蒂娜·霍顿（Tina Horton，研究项目支持）以及艾丽·科格（Eli Koger，多媒体研究助理）

澳大利亚研究理事会（ARC）创意产业和创新重点研究中心（CCI）提供了一种珍贵的、启发心智的学院文化，还有很多好的研究伙伴，我要感谢所有的人员。特别感谢中心的主任斯图尔特·坎宁安（Stuart Cunningham），顾问委员会主席特里·卡特勒（Terry Cutler），中心研究员杰森·波茨（Jason Potts），他们对我的想法和观点提出彻底的挑战和质疑。对于同事，夫复何求？

当然，如果贪得无厌的话，肯定会要求更多，包括更多的学术对话。鉴于此，我和斯图尔特目前正在联手主编一个书系，而本书正是这个书系的开山之作。“创意经济 + 创新文化”是昆士兰大学出版社过去十年推出的第一个书系。而其首发的时间恰巧是 1909 年《昆士兰大学法案》的百年纪念。因此，对于我们来说这算个不小的成功，尤其考虑到我们来自昆士兰科技大学，处于老牌正统的昆士兰大学的“下游”*。本土竞争者之间的合作足以说明斯图尔特和我在创意产业和创新重点研究中心的工作是多么令人振奋。这项工作

---

* “下游”在此为双关语义。地理位置上，昆士兰大学在布里斯班河的上游，顺流而下 7 公里就是昆士兰科技大学。在学术地位上，昆士兰科技大学也处于下游。

也正是本书系希望推动的。具体而言，就是文化和经济在社会变革和知识增长这一问题上的不同观点之间的对话。实际上，看上去走不到一起的双方为有益的目标进行合作，凸显了昆士兰高等教育最初的平等主义宗旨，如1909年昆士兰大学成立时昆士兰总理威廉·基德森（William Kidston）所言：

> 我不会让人忘记，昆士兰是工蜂的蜂巢。我们所有的教育机构，从幼儿园到大学，都应该牢记这一点。这个帝国最老的大学和最年轻的大学有这样一个区别：牛津大学的建立者是国王；而昆士兰大学的建立者是人民。*

最后，我要感谢昆士兰大学出版社为书稿邀请的三位匿名评审。他们慷慨、博学、乐于助人而富于批判精神，给本书的修改过程增添了"工蜂"所能体会的身在集体的欢乐，驱散了学术劳动的孤独感。他们提出了很多有见地的建议，并提醒我不要掉入自己无知的陷阱。只是，我担心自己在本书中可能将他们的真知灼见置之一旁了。

约翰·哈特利获得过澳大利亚研究理事会的联邦研究员项目。该研究项目实施机构为澳大利亚研究理事会创意产业与创新重点研究中心。项目在某些方面得到澳大利亚研究理事会文化研究网络（ARC Cultural Research Netw）的协助。以下论文和章节，在纳入本书时，作了适当修改。

---

* 昆士兰大学纹章学项目：《昆士兰大学的盾徽：历史面貌》，第3页。参加网页（www.uq.edu.au/about/docs/UQcoat-of-arms.pdf）。

- 约翰·哈特利:《读写能力新探:理查德·霍加特在创意教育中的用途》,苏·欧文:《理查德·霍加特与文化研究》,伦敦:Palgrave 出版社,2008 年。
- 约翰·哈特利:《从意识产业到创意产业:消费者生成内容、社会网络市场与知识增》,詹妮弗·霍尔特与艾丽沙·培伦:《媒体产业:历史、理论与方法》,牛津:Blackwell 出版社,2008 年。
- 约翰·哈特利:《电视故事:从"吟咏诗人"到"歌诗大会"》,约翰·哈特利与凯莉·马克威廉:《故事圈:全球数字叙事》,牛津:Blackwell 出版社,2008 年。
- 约翰·哈特利:《YouTube 的用途:数字读写能力与知识增长》,吉恩·伯吉斯与乔什华·格林:《YouTube》,剑桥:Polity 出版社,2008 年。
- 约翰·哈特利:《自媒体中的专业知识与可扩展性问题》,科纳特·伦比:《数字叙事与媒介化故事:新媒体中的自我呈现》,纽约:Peter Lang 出版社,2008 年。
- 约翰·哈特利:《新闻即人权:新闻学的文化路径》,马丁·卢菲儿霍茨与大卫·韦弗:《全球新闻学研究:理论、方法、发现与未来》,牛津:Blackwell 出版社,2008 年,第 39–51 页。
- 约翰·哈特利与梦露茜:《作为消费者创业精神的时装:中国的新兴风险文化,社会网络市场和《Vogue》杂志:》*Chinese Journal of Communication*. 2009 (1): 61-76。
- 约翰·哈特利:《未来是开放的未来:"长二十世纪"的文化研究与"中国世纪"的发端》,在"创造性破坏:创意产业兴起对科学与创新政策的启示"研讨会上的发言,澳大利亚研究理事会创意产业与创新重点研究中心与欧洲–澳大利亚科技合作论坛联合举办,布里斯班:昆士兰图书馆,2008 年 3 月 27–28 日。

索 引

The Uses of Digital Literacy

by John Hartley

This edition arranged with University of Queensland Press (UQP) through

Big Apple Agency, Inc., Labuan, Malaysia.

浙江省版权局著作权合同登记图字：11–2013–306